［宋］劉清之 撰

歷代家訓經典

（四）

萬卷出版有限責任公司
VOLUMES PUBLISHING COMPANY

詳校官候補知縣臣楊懋珩

戒子通録卷三　　宋　劉清之　撰

幼訓　王褒　臨沂人周小司空著幼訓以戒諸子其一章云　案褒字子深周武帝保定中除內史中大夫

陶士行曰昔大禹不惜尺壁而重寸陰文士何不誦書武士何不馬射若乃元冬修夜朱明長日肅其居處崇其牆仞門無糅雜坐闕號呶以之求學則仲尼之門人也以之為文則賈生之升堂也古者盤盂有銘几杖有

戒進退脩焉俯仰觀焉立身行道終始若一造次必於是君子之言歟吾自幼學不墜斯業汝能修之吾之志也

曾子告子言 參字子輿魯人疾病告曾元曾華凡三章

微乎吾無夫顔氏之言吾何以語汝哉然而君子之務盡有之美夫華繁而實寡者天也言多而行寡者人也鷹隼以山爲卑而曾巢其上魚鼈黿鼉以淵爲淺而蹷穴其中卒其所以得之者餌也是故君子苟無以利害

義則辱何由至哉　親戚不悅不敢外交近者不親不敢求遠小者不審不敢言大故人之生也百歲之中有疾病焉有老幼焉故君子思其不復者而先施焉親戚既殆雖欲孝誰為孝年既耆艾雖欲弟誰為弟故孝有不及弟有不時其此之謂與　官怠於宦成病加於少愈禍生於懈惰孝衰於妻子察此四者慎終如始詩曰靡不有初鮮克有終

史鰌 字子魚衛靈公臣且死謂其子曰靈公往弔問其故其子以父言對靈公悟衛國以治

我即死治喪於北堂吾生不能進蘧伯玉而退彌子瑕不能正君也生不能正君死不當成禮死而置屍於北堂於禮足矣

司馬談

談漢太史令夏陽人留滯周南發憤且卒執子遷手而泣曰

予先周室之太史也自上世嘗顯功名於虞夏典天官事後世中衰絕於予乎女復為太史則續吾祖矣今天子接千歲之統封泰山而予不得從行是命也夫命也夫予死汝必為太史為太史毋忘吾所欲論著矣且夫

孝始於事親中於事君終於立身揚名於後世以顯父母此孝之大者夫天下稱誦周公言其能論歌文武之德宣周召之風達太王王季之思慮爰及公劉以尊后稷也幽厲之後王道缺禮樂衰孔子脩舊起廢論詩書作春秋則學者至今則之自獲麟以來四百有餘歲而諸侯相兼史記放絕今漢興海內一統明主賢君忠臣義士予為太史而不論載廢天下之文予甚懼焉汝其念哉

何曾 字穎考陽夏人晉司徒常侍武帝宴退告其子遵曰

國家應天受命創業垂統吾每侍宴未嘗聞經國遠圖唯說平生常事非詒厥孫謀之道也後嗣其殆乎此吾子孫之憂汝等猶可沒身孫輩必遇亂亡

殷仲堪 陳郡人晉荆州刺史性真素飯粒落席間輒拾以噉之

人見我受任方州謂我豁平昔時意今吾處之不易貧者士之常焉得登枝而捐其本爾其存之

謝僑 字國美父元大任梁侍中

僑素貴常一日朝無食其子啓欲以班史質錢答曰寧餓死豈可以此充食乎

劉贊 魏州人父玭為縣令 案贊後唐明宗時為御史中丞刑部侍郎

贊始就學衣以青布衫襦每食則玭自肉食而別以蔬食食贊於牀下謂之曰肉食君子祿也爾欲之則勤學問以干祿吾肉非爾之食也由是贊益力學舉進士官至中書舍人

疏廣告兄子言 字仲翁東漢人漢太子太傅兄子受字公子為少傅廣告之受叩頭

曰從大人議

吾聞知足不辱知止不殆功遂身退天之道也今仕宦至二千石官成名立如此不去懼有後悔豈如父子相隨出關以壽命終不亦善乎

孔臧戒子書子順之後安國之從兄事漢孝武告子琳書案臧孔子十一代孫嗣封蓼侯為太常

頃來聞汝與諸友生講肄書傳案孔叢子作講肄學傳原本肄訛隸今改正孜孜晝夜衎衎不怠善矣人之進道唯問其志取必以

漸勤則得多山霤至柔石為之穿蝎蟲至弱木為之敝夫霤非石之鑿蝎非木之鑽然而能以微脆之形陷堅剛之體豈非積漸之致乎訓曰徒學知之未可多履而行之乃足佳

東方朔 字曼倩平原人漢武帝臣以道家言姑存之

明者處世莫尚於中優哉游哉與道相從首陽為拙柳惠為工飽食安步以仕代農

鄭玄 字康成北海人漢獻帝時嘗疾篤自慮以書戒子益恩

吾家僑貧不爲父母羣弟所容去廝役之吏游學周秦之都往來幽并兖豫之域獲覲乎在位通人處逸大儒得意者咸從捧手有所受焉遂博稽六藝粗覽傳記時覩祕奧年過四十乃歸供養假田播殖以娛朝夕遇閹尹擅勢坐禁黨錮十有四年而蒙赦令舉賢良方正有道辟大將軍三司府公車再召比牒併名早爲宰相惟彼數公懿德大雅克堪王臣故宜式序吾自忖度無任於此但念述先聖之元意思整百家之不齊亦庶幾以

竭吾才故聞命罔從而黃巾為害萍浮南北復歸邦鄉入此歲來已七十矣宿素衰落仍有失誤案之禮典便合傳家今我告爾以老歸爾以事將閒居以安性覃思以終業自非拜國君之命問族親之憂展敬墳墓觀省野物胡嘗扶杖出門乎家事大小汝一承之爾煢煢一夫曾無同生相依其勗求君子之道研鑽勿替敬慎威儀以近有德顯譽成於僚友德行立於己志若致聲稱亦有榮於所生可不深念邪可不深念邪吾雖無紱冕

之緒頗有讓爵之高自樂以論贊之功庶不遺後人之羞末所憤憤者徒以亡親墳壟未成所好羣書率皆腐敝不得於禮堂寫定傳與其人日西方暮其可圖乎家今差多於昔勤力務時無恤饑寒菲飲食薄衣服節夫二者令吾寡恨若忽忘不識亦已焉哉

劉向 字子政彭城人漢成帝臣

汝有何德蒙恩甚厚將何以報董生有云弔者在門賀者在閭言有憂則恐懼敬事敬事則必有善功而福至

也又曰賀者在門弔者在閭言受福則驕奢驕奢則禍至故弔隨而來齊頃公之始藉霸者之餘威輕侮諸侯戲跛蹇之客故被鞌之禍遁服而亡所謂賀者在門弔者在閭也兵敗師破人皆弔之恐懼自新百姓愛之晉侯皆歸其所奪邑所謂弔者在門賀者在閭也

司馬徽 後漢

聞汝充役室如懸磬何以自辦論德則吾薄說居則吾貧勿以薄而志不壯貧而行不高也

王修 字叔治北海人 魏奉常戒子

自汝行之後恨恨不樂何者我實老矣所恃汝等也皆不在目前意遑遑也人之居世忽去便過日月可愛也故禹不愛尺璧而愛寸陰時過不可還年大不可少也欲汝早成未必讀書并學作人欲令見舉動之宜觀高人遠節志在善人左右不可不慎善否之要在此際也行止與人務在謹之言思乃出行詳乃動皆用情實道理違斯敗矣父欲令子善唯不能殺身其餘無惜也

王昶字文舒魏司空名兄子默字處靜沈字處道渾字元冲深字道冲皆依謙實以見意遂書以戒之

夫人爲子之道莫大於寶身全行以顯父母此三者人知其善而或危身破家陷於滅亡之禍者何也由所祖習非其道也夫孝敬仁義百行之首行之乃立身之本也孝敬則宗族安之仁義則鄉黨助之此行成於内名著於外者矣人若不篤於至行而背本逐末以陷浮華焉以成朋黨焉浮華則有虚僞之累朋黨則有彼此之患

此二者之戒昭然著明而循覆車滋衆逐末彌甚皆由惑常時之譽昧目前之理故也　夫富貴聲名人情所樂而君子或得而不處何也惡不由其道耳患人知進而不知退知欲而不知足故有困辱之累悔吝之咎語曰如不知足則失所欲故知足之足常足矣覽往事之成敗察將來之吉凶未有干名要利欲而不厭而能保世持家永全福禄者也（魏志王昶傳此下尚有欲使汝曹立身行己遵儒者之教履道家之言故共十九字）以元默冲虚為名欲使汝曹顧名思義不敢

違越也古者盤杅有銘几杖有戒俯仰察焉用無過行況在己名可不戒之哉　夫物速成則疾亡晚就則善終朝華之草夕而零落松栢之茂隆寒不衰是以大雅君子惡速成戒闕黨也若范匄（范匄當作范燮裴松之已辨其誤）對秦客而武子擊之折其委笄惡其掩人也夫人有善鮮不自伐有能寡不自矜伐則掩人矜則凌人掩人者人亦掩之凌人者人亦凌之故三郤為戮於晉王叔負罪於周不惟矜善自伐好争之咎乎故君子不自稱非以讓

人惡其蓋人也夫能屈以為伸讓以為得弱以為强鮮不遂矣　夫毁譽愛惡之原而禍福之機也是以聖人慎之孔子曰吾之於人誰毁誰譽必有所試又曰子貢方人賜也賢乎哉我則不暇以聖人之德猶尚如此況庸庸之徒而輕毁譽哉昔伏波將軍馬援戒其兄子言聞人之惡當如聞父母之名耳可得而聞口不可得而言也斯戒至矣人或毁已當退而求之於身若已有可毁之行則彼言當矣若已無可毁之行則彼言妄矣當

則無怨於彼妄則無害於身又何反報焉且聞人毀己而忿者惡醜聲之加人也人報者滋甚不如默而自修己也諺曰救寒莫如重裘止謗莫如自修斯言信矣若與是非之士凶險之人近猶不可況與對校乎其害深矣

夫虛偽之人言不根道行不顧言其為浮淺較深識別而世人惑焉猶不檢之以言行近濟陰魏諷山陽曹偉皆以傾邪敗沒熒惑當世挾持姦慝驅動後生雖刑於鈇鉞大為炯戒然所汙染固已衆矣可不慎歟

若夫山林之士夷齊之倫甘長饑於首陽安赴火於綿山雖可以激貪礪俗然聖人不可為吾亦不願也今汝先人世有冠冕惟仁義為名守慎為稱孝悌於閨門務學於師友　吾與時人從事雖出處不同然各有所取潁川郭伯益好尚通達敏而有知其為人宏曠不足輕貴有餘得其人重之如山不得其人忽之如草吾以所知親之昵之不願兒子為之北海徐偉長不治名高不求苟得澹然自守惟道是務其有所是非則托古人以

見其意當時無所褒貶吾敬之重之願兒子師之東平劉公幹博學有高才誠節有大意然性行不均少所拘忌得失足以相補吾愛之重之不願兒子慕之樂安任昭先淳粹履道內敏外恕推遜恭讓處不避洿怯而義勇在朝忘身吾友之善之願兒子遵之若引伸之觸類而長之汝其庶幾舉一隅耳　及其用財先九族其施舍務周急其出入存故老其論議貴無貶其進仕尚忠節其取人務道實其處勢戒驕淫其貧賤慎無戚其進

退念合宜其行事如九思如此而已吾復何憂哉

諸葛亮家戒字孔明瑯琊人蜀漢丞相戒子書與子疏凡三章

君子之行靜以修身儉以養德非澹泊無以明志非寧靜無以致遠夫學須靜也才須學也非學無以廣才非靜無以成學慆慢則不能研精險躁則不能理性年與時馳意與歲去遂成枯落悲歎窮廬將復何及也　又云每得來疏書尚麤拙豈修之不勤而量之有限耶　又云夫志當存高遠慕先賢絕情欲棄凝滯使庶幾之志

揭然有所存惻然有所感忍屈伸去細碎廣咨問除嫌吝雖有淹留何損於美趣何患於不濟若志不强毅意不慷慨徒碌碌滯於俗默默束於情永竄伏於凡庸不免於下流矣

羊祜 字叔子泰山人晉征南大將軍無子詔以兄子暨暨弟伊伊弟篇為祜後戒書出歐陽詢

吾少受先君之教能言之年便召以典文年九歲便誨以詩書然尚猶無鄉人之稱無清異之名今之職位謬恩之加耳非吾力所能致也吾不如先君遠矣汝等復

不如吾諮度宏偉恐汝凡弟未能也奇異獨達察汝等將無分也恭為德首慎為行基願汝等言則忠信行則篤敬無口許人以財無傳不經之談無聽毀譽之語聞人之過耳可得受口不得宣思而後動若言行無信身受大謗自入刑論豈復惜汝聰及祖考思乃父言纂乃父教各諷誦之

商裒 晉人　棻商裒即殷裒宋人避諱所改也曾為滎陽令有惠政

天道也者易尋而難窮易知而難行也故京房之徒考

步吉凶之變而不能自見其禍更為姚平所戒此道之難知也省爾之才不及於房而吾之言過於平矣昔弗父何三命滋恭晏平仲久而敬之曾顏之徒有若無實若虛也況爾析薪之智欲彈射世俗身為謗先怨禍並集使吾懷朝夕之憂為范武子所嘆亦非汝之美也若朝益暮習先人後已恂恂如也則吾聞音而識其曲食音而知其甘永終吾餘年矣復何恨哉古人有言思不出其位爾其念之爾其念之

司馬越晉東海王以王承為記室參軍雅相知重勑其子毗

夫學之所益者淺體之所安者深閑習禮度不如式瞻儀型風味遺言不若親承音旨王參軍人倫之表汝其師之

李暠字元盛隴西人晉涼武昭王遷於酒泉手令戒其諸子

吾自立身不營世利經涉累朝通否任時初不役智有所要求今日之舉非本願也然事會相驅遂荷州土憂責不輕門戶事重雖詳人事未知天心登車攬轡百慮

填胸後事付汝等粗舉旦夕近事數條遣意便言不能次比至於杜漸防萌深識情變此當任汝所見淺深非吾勑戒所能盡也汝等雖年未至大若能克己纂修比之古人亦可以當事業矣苟其不然雖至白首亦復何成汝等其戒之慎之節酒慎言喜怒必思愛而知憎惡而知善動念寬恕審而後與衆之所惡勿輕承信詳審人核真偽遠佞諛近忠正（晉書作忠臣）蠲刑獄忍煩擾存高年恤喪病勤省按聽訟訴刑法所應和顏任理慎

勿以情輕加聲色賞勿漏疎罰勿容親耳目人間知外患苦禁御左右無作威福勿伐善施勞逆詐意晉書作億必以示已明廣加咨詢無自專用從善如順流去惡如探湯富貴而不驕者至難也念此貫心勿忘須臾寮佐邑宿盡禮承敬讌饗饌食事事留懷古今成敗不可不知退朝之暇究觀典籍面牆而立不成人也此郡世篤忠厚人物敦雅天下全盛時海內猶稱之況復今日實是名邦正為五百年鄉黨婚親相連至於公理時有

小小頗迴為當隨宜斟酌吾臨莅五年兵難騷動未得休衆息役惠康士庶至於掩瑕藏疾滌除疵垢朝為冤讎夕委心膂雖未足希準古人粗亦無負於新舊事任公平坦然無類初不容懷有所損益計近便為少經遠如有餘亦無愧於前志也

陳顯達 宋孝武世以軍主歷驅使南齊遷都督江州諸軍事自以人微位重每遷官有愧懼之色諸子多事豪侈顯達聞之不悅子休尚為郢府主簿過九江戒子 案顯達南彭城人

我本志不及此汝等勿以富貴凌人麈尾蠅拂是王謝

家物汝不須捉此即取於前焚之

王僧虔 琅琊人仕齊為儀同宋世嘗有書戒子

吾在世雖乏德素要推排人間十許年故是一舊物人或以比數汝耳即化之後若自無調度誰復知汝事者舍中亦有少負令譽弱冠越超清級者於時王家門中優者龍鳳劣猶虎豹失蔭之後豈龍虎之儀況吾不能為汝蔭政應各自努力耳或有身經三公蔑爾無聞布衣寒素卿相屈體父子貴賤殊兄弟聲名異何也體盡

讀數百卷書耳吾今悔無所及亦以前車戒爾後乘也汝年入立境方應從宦兼有室累何處復得下帷如王郎時邪各爾身已切豈復關吾邪鬼惟知愛深松茂柏寧知子弟毀譽事因汝有感故略叙胸懷

徐勉戒子書 字修仁東海人梁武帝臣戒其子崧其略曰

吾家本清廉故常居貧素至於產業之事未嘗經營薄躬遭逢遂至今日仰藉門風故臻此爾古人所謂以清白遺子孫不亦厚乎中年聊於東田開營小園者非播

藝以要利政欲穿池種樹少寄情賞閒汝所買湖田甚為舄鹵有所收穫汝可自分贍內外大小宜令得所又復應霑之諸女耳汝既居長故有此及凡為人長殊復不易當使中外諧輯人無間言先物後己然後可貴汝當自勗見賢思齊不宜忽略以棄日也棄日乃是棄身身名美惡豈不大哉可不慎歟今之所勑略言此意政謂為家以來不事資產暨立墅舍以垂舊業陳其始末無愧懷抱

王筠 字元禮瑯琊人仕梁為太子詹事與諸子論家門集

史傳稱安平崔氏及汝南應氏並累葉有文才所以范蔚宗云崔氏雕龍然不過父子兩三世耳非有七葉之中名德重光爵位相繼人人有集如吾門者也汝等仰觀堂構思各努力

李恕 唐中宗時縣令以崔氏女儀戒不及男顏氏家訓訓遺於女遂著戒子拾遺十八篇兼教男女令新婦子孫人寫一通用為鑒戒云

男子六歲教之方名七歲讀論語孝經八歲誦爾雅離

騃十歲出就師傅居宿於外十一專習兩經志學之年足堪賔貢平翼二子即是其人夫何異哉積勤所致耳擢第之後勿棄光陰三四年間屏絶人事講論經籍爰迄史傳並當諳憶悉令上口洎乎弱冠博綜古今仁孝忠貞溫恭謙順器惟瑚璉材堪廊廟如或出身之後怠而自逸被服綺羅美姿顧影朝遊酒肆暮宿倡樓雖則生之不如遄死若㹃犬耳奚足惜哉　居九品之中處百僚之下清勤自勗平真無虧事長官以忠誠接僚友

以謙敬言思乃出行思乃動勿輒有毀譽勿輕論得失

格式律令為政之隄防一牽吏役勤遵憲綱與奪割斷必須理愜條章喜怒刑名豈可率由胸臆枷杖樣式著於令文準令而行足堪市恥勿奮威怒麤杖大枷肆一朝之忿取終身之敗

申上移牒言唯謹爾署必真書慎勿侮弄刀筆譏玩朋僚若犯要司敗不旋踵若輕同類怨豈在明位下處卑觸塗防謹部内士人虛心接引鄉中耆望以禮承迎若或恣心縱罵輕出莠言罵

父子怨罵兄弟怨既為怨府亦謂深讎劉寛不呵童僕嗣宗口不臧否韓子曰善為吏者樹德不善為吏者樹怨勉之勉之

縣有長官職宣風化丞尉卑末無勞廣為若乃斥强健壓雄豪奮下車之威釣高明之譽指揮一縣專擅六曹識者寒心旁觀啓齒但能正身範物修已安人不與典吏交言不在公庭妄笑立無偏倚坐必正方人自懷之畏之矣

汝輩後生始從卑仕祿俸所獲僅以代耕宜減省家人謹身節用閽門晝掩鎮安闗

鑰家童斂跡無出府庭使馬如羊不以入廐使金如粟不以入懷夫如是則驄馬埋輪且安高枕豈多言之可畏何衆口之能傷者哉楊震爲涿郡太守子孫皆蔬食步行曰使人稱爲清白吏子孫誠哉斯言誓銘肌骨部内交關誠非所願黨緣切要不遑遠市衣食之外無輒交通必須依價錢歸物主分明付領書取文鈔雖云細務易涉流言勿招抑逼之詞以獲侵漁之謗若能遠希先覺遥杜未萌清介皎然吾無憂矣

周生烈云食祿

坐觀賊也先子云債少易償職寡易守汝等欲仕周行深期自卜審己量分或保微班冒寵貪榮方貽後譴但能績著鳴絃功彰露冕足隆門閥不墜箕裘豈要榮貴方為宦達　納采行媒咸求雅對河魴宋子勿墜清規或嫁從夫有資賢壻如為男求婦必在甲門無隳百代之規以適一時之欲　告休暇景或值公務餘閑學以潤身必資宏益譙周云聖人學之於天君子學之於聖又云進者猶行也朝發而異宿夫益者其猶取菜乎勤

則頃筐盈美家中經史不能周足但能閱市恒有賤書假如數萬青蚨纔當一馬之直堪得數千黃卷便爲百代之寶凡人皆知市駿馬悦輕肥而莫肯市書見近識小淮南子云家有三史無癡子可不勉歟　吾昆弟七房子姪尤衆未出一門已成三從左提右挈洎乎成長世祀云遠恩愛不渝懷橘而歸遺兼諸母易衣而出詎止同胞服有功緦禮經所限情存家法勿或虧焉博徒暴客破產傾家汝等子孫尤宜戒謹脱子姪之中頑嚚

不肖公違叔父之令輒從輕薄之徒必當斷其擲頭之指以為終身之戒寧不知虧令斷骨恐痛傷心折一指足以保一門所全者大故不隱也　夫酒者所以祀鬼神養病老冠昏之禮非酒不成賓主之歡非酒不接無容沈湎過度顛沛有虧汝等從宦顧惜身名縱不能全然禁斷倍須拘檢酒氣未盡不可參預府庭面色未平不宜呵叱百姓以此為戒餘可知矣　孫叔敖為令尹一老父教之云位益高而意益下官益大而心益小求子

云貧賤願人之接已富貴忘已之接人大禹一飯十起周公一沐三握夫接士忘疲禮賢忘倦聖賢猶且若是而況凡庸乎　曾子云書功不過百日謗云千里回首旣堪力致何惜餘閒諸葛戒子尚憂粗拙汝輩鍾張真草之迹合並留心陰陽卜筮之書愼毋開卷射宮觀德君子攸宜彈琴自娛性靈取悅自餘伎術並勿經懷敬愼威儀以近有德女誡女儀兒女等各寫一通咸將自警女兼輔佐君子兒亦勸獎室家中外相承夫妻並立

終朝三省每月一尋實獲我心念無違也　閭閻賤弟委巷庸凡多分嫡庶搆成痛痏不念胞胎雖别骨血不殊豈可兒結父讎子兼母妬傷心犯順所不忍言汝等幼習義方以歸名教察天倫之重既悟同生覺流俗之非毋遵覆轍　女子七歲教以女儀讀孝經論語習行步容止之節訓以幽閑聽從之儀禮云女子十年治絲枲織絍觀祭祀納酒漿事人之禮此最爲先十五而笄十七而嫁既從禮制是謂成人若不微涉青編頗窺

緗素粗識古今之成敗測覽士女之得失不學墻面寧止於男通之婦人亦無嫌也　婦人之德貴在貞靜內外之言不出閨閫鄭衛之音尤非所習遊娛之樂無以寬懷夫若東西家無耆舊年少子幼慮遠防微家具無假於人饋獻杜而弗納心懷廉謹外絕交通衣食斟量常令脩足披尋譜牒記憶親姻戚屬尊卑吉凶周至方為內範念勗前規　諺云成家由婦破家由婦緬尋其語諒匪虛談未有娣姒相憐而兄弟不睦娣姒相嫉而

昆季雍和者也　升堂拜母心所未通廣坐呈妻理尤不可人之家法難易不同在於吾心以難勝易與其輕易寧可從難

姚信　案信吳人梁時太常

古人行善者非名之勝非人之為心自甘之以為已度險易不虧終始如一進合神契退同人道故神明祐之衆人尊之而聲名自顯榮禄自至其勢然也又有内析外同吐實懷詐見賢則暫自新獨居則縱所欲聞譽則

驚自飾見尤則棄善端凡失名位則多怨人而害善怨一人則衆人疾之害一善則衆人怨之雖欲陷人而進已不可得也秖所以自毁耳顧真僞不可掩褒貶不可妄舍僞從實遺已察人可以通矣舍已就人去否適泰可以宏矣貴賤無常唯人所速苟善則匹夫之子可至王公苟不善則王公之子反爲凡庶可不勉哉

楊椿 字延壽華陰人北齊侍中歸老臨行戒子孫云

我家入魏之始即爲上客自爾至今二千石方伯不絶

禄卿甚多於姻親知故吉凶之際必厚加贈遺來往賔寮必以酒肉飲食故六姻朋友無憾焉國家初丈夫好服綵色吾雖不記上谷翁時事然記清河翁時服飾恒見翁著布衣韋帶常自約敕諸父曰汝等後世若富貴於今日者慎勿積金一斤綵帛百匹已上用為富也不聽與世家作婚姻至吾兄弟不能遵奉今汝等服乗漸華好吾是以知恭儉之德漸不如上也吾兄弟若在家必同盤而食若有近行不至必待其還亦有過中不食

恐饑相待吾兄弟八人今存者有三是故不忍別食也又願畢吾兄弟不異居異財汝等眼見非為虛假如聞汝等兄弟時有別齋獨食者此又不如吾等一世也聞汝等學時俗人乃有坐待客者有驅馳勢門者有輕論人惡者及見貴勝則敬重之見貧賤則慢易之此人行之大失立身之大病也汝家仕皇魏以來高祖以下乃有十郡太守三十二州刺史內外顯職時流少比汝等若能存禮節不為奢淫驕慢假不勝人足免尤誚足

成名家吾今年始七十五自惟氣力尚堪朝覲天子所以孜孜求退者正欲使汝等知天下滿足之義為一門法耳非是苟求千載之名汝等能記吾言吾百年後終無恨矣

馬援 字文淵扶風人後漢伏波將軍兄子嚴敦並喜譏議而通輕俠客援在交趾還書戒之

吾欲汝曹聞人過失如聞父母之名耳可得聞口不可得言也好議論人長短妄是非正法此吾所大惡也寧死不願聞子孫有此行也汝曹知吾惡之甚矣所以復

言者施衿結褵申父母之戒欲使汝曹不忘之耳龍伯高敦厚周慎口無擇言謙約節儉廉公有威吾愛之重之願汝曹效之杜季良豪俠好義憂人之憂樂人之樂清濁無所失父喪致客數郡畢至吾愛之重之不願汝曹效也效伯高不得猶為謹敕之士所謂刻鵠不成尚類鶩者也效季良不得陷為天下輕薄子所謂畫虎不成反類狗者也訖今季良尚未可知郡將下車切齒州郡以為言吾常為寒心是以不願子孫效也

楊侃 字士業齊侍中椿之子為後魏大都督

我家受魏恩二千石方伯不絶記清河翁約敕諸父曰汝等後世若富貴於今日者慎勿積金一斤綵帛百匹已上用為富也不聽與世家作婚姻吾今日不為貧賤然居住舍宅不作壯麗者正慮汝等後世不賢不能保守之將為勢家所奪

張奐 字然明燉煌人事漢靈帝太常

汝曹薄祐早失賢父財單藝盡今適喘息聞仲祉輕傲

耆老侮狎同年極口恣意當崇長幼以禮自持聞燉煌有人來同聲相道皆稱叔時寬仁聞之喜而且悲喜叔時得美稱悲汝得惡論經言孔子於鄉黨恂恂如也恂恂者恭謙之貌也聖遠難知且自以汝賢父為師汝父寧輕鄉里耶年少多失改之為貴蘧伯玉年五十見四十九年非但能改之不可不思吾言不自克責反云張甲謗我李乙恚我我無是過爾亦已矣

石奮責子言

奮趙人漢九卿子內史慶醉入里門不下車奮聞之不食慶肉袒請罪不

許舉宗及光建內祖奮曰

內史責人入閭里里中長老皆走匿而內史坐車中自如固當

邴吉

字少卿魯國人漢孝宣丞相子顯嗣爵顯為諸曹嘗從祠高廟至夕牲日乃使出取齋衣吉大怒曰

宗廟至重而顯不敬慎亡吾爵者必顯也

辛毗卻子言

字佐治陽翟人魏衛尉明帝任劉放孫資毗不與往來子敞諫曰今孫劉用事衆皆影附大人宜小降意和光同塵不然必有謗言毗正色而言曰

吾之立身自有本末就與劉孫不平不過令吾不作三公而已何危害之有大丈夫欲為公而毀其高節耶

卷三

戒子通録卷四

宋　劉清之　撰

陶潛命子詩疏

字淵明晉彭澤令命子詩及與子儼等疏

悠悠我祖爰自陶唐邈為虞賓世歴重光御龍勤夏豕韋翼商穆穆司徒厥族以昌紛紛戰國漠漠衰周鳳隱於林幽人在丘逸虬遶雲奔鯨駭流天集有漢眷予愍侯於赫愍侯運當攀龍撫劍風邁顯茲武功書誓河山啓土開封亹亹丞相允迪前蹤渾渾長源鬱鬱洪柯

羣川載導衆條載羅時有語默運因隆窊在我中晉業融
長沙桓桓長沙伊勲伊德天子疇我專征南國功遂辭
歸臨寵不忒孰謂斯心而近可得肅矣我祖愼終如始
直方二臺惠和千里於穆仁考淡焉虛止寄跡風雲寘
兹慍喜嗟余寡陋瞻望弗及顧慚華鬢負影隻立三千
之罪無復其急我誠念哉呱聞爾泣卜云嘉日占亦良
時名汝曰儼字汝求思温恭朝夕念兹在兹尚想孔伋
庶其企而厲夜生子遽而求火凡百有心奚特於我既

見其生實欲其可人亦有言斯情無假日居月諸漸免
於孩福不虛至禍亦易來夙興夜寐願爾斯才爾之不
才亦已焉哉　疏告儼俟份佚佟天地賦命生必有死
自古聖賢誰獨能免子夏有言曰死生有命富貴在天
四友之人親受音旨發斯談者將非窮達不可妄求壽
夭永無外請故耶吾年過五十少而窮苦每以家敝東
西游走性剛才拙與物多忤自量為己必貽俗患黽勉
辭世使汝等幼而饑寒余嘗感孺仲賢妻之言敗絮自

擁何慚兒子此既一事矣但恨鄰靡二仲室無萊婦抱茲苦心良獨內愧少學琴書偶愛閒靜開卷有得便欣然忘食見樹木交蔭時鳥變聲亦復歡然有喜常言五六七月中北窗下臥遇涼風暫至自是羲皇上人意淺識罕謂斯言可保日月遂往機巧好踈緬求在昔渺然如何疾患以來漸就衰損親舊不遺每以藥石見救自恐大分將有限也汝輩稚小家貧每役柴水之勞何時可免念之在心若何可言然汝等雖曰同生當思四海

皆兄弟之義鮑叔管仲分財無猜歸生伍舉班荆道舊遂能以敗爲成因喪立功他人尚爾況同父之人哉潁川韓元長漢末名士身處卿佐八十而終兄弟同居至於没齒濟北氾稚春晉時操行人也七世同財家人無怨色詩曰高山仰止景行行止雖不能至爾心尚之汝其慎哉吾復何言

杜甫示子詩 字子美京兆人唐拾遺示子宗武

覓句新知律攤書解滿牀試吟青玉案莫帶紫羅囊假

日從時飲明年共我長應須飽經術已似愛文章十五男兒志三千弟子行曾參與游夏達者得升堂

韓愈 字退之昌黎人唐吏部侍郎子符讀書城南以示之

木之就規矩在梓匠輪輿人之能為人由腹有詩書詩書勤乃有不勤腹空虛欲知學之力賢愚同一初由其不能學所入遂異閭兩家各生子提孩巧相如少長聚嬉戲不殊同隊魚年至十二三頭角稍相疏二十漸乖張清溝映汚渠三十骨格成乃一龍一猪飛黃騰踏去

不能顧蟾蜍一為馬前卒鞭背生蟲蛆一為公與相潭潭府中居問之何因爾學與不學歟金璧雖重寶費用難貯儲學問藏之身身在即有餘君子與小人不繫父母且不見公與相起身自犁鋤不見三公後寒饑出無驢文章豈不貴經訓乃菑畬潢潦無根源朝滿夕已除人不通今古馬牛而襟裾行身陷不義況望多名譽時秋積雨霽新涼入郊墟燈火稍可親簡編可卷舒豈不旦夕念為爾惜居諸恩義有相奪作詩勸躊躇

盧仝寄子詩 唐逸人詩 寄男抱孫

別來三得書書道違離久書處甚麤殺且喜見汝手尚書當畢功禮記速須剖尋義低作聲便可養年壽莫學村學生麤氣强叫吼殷十七老儒是汝父師友傳讀有疑誤輒告咨問取兩手莫破拳一吻莫飲酒小時無大傷習性防已後莫惱添丁郎淚子作面垢莫引添丁郎赫赤日裏走

賀敦謂子言 隋金州總管宇文護忌而害之臨終呼子弼謂曰 按敦復姓賀若世居

漠北為周申州刺史即被害事見北史此標賀姓疑有脱字註云隋亦誤也弼字輔臣仕隋以平陳功封宋國公見隋書

吾必欲平江南然此心不果汝當成吾志且吾以舌死汝不可不思因引錐刺弼舌出血誡以慎口

韋世康與子弟書京兆人隋司會中大夫

祿宜須多防滿則退年不待暮有疾便辭

李勣唐人以疾謂弟弼曰

我見房元齡杜如晦高季輔皆辛苦立門户悉為不肖

子敗了我子孫令以付汝汝可謹察有不厲言行交非類者急榜殺以聞毋令後人笑吾猶吾笑房杜也

房彥謙與子言 字孝沖清河人隋長葛令居官得祿周卹親友謂子元齡曰

人皆因祿富我獨以官貧所遺子孫在於清白耳

杜牧寄兄子詩 字牧之樊川人唐中書舍人冬至日寄兄子阿宜

小姪名阿宜未得三尺長頭圓筋骨緊兩臉明且光去年學官人竹馬遶四廊指揮羣兒輩意氣何堅剛今年始讀書下口三五行隨兄旦夕去斂手整衣裳去歲冬

至日拜我立我旁祝爾顧爾貴仍且壽命長今年我江外今日生一陽憶爾不可見祝爾傾一觴陽德比君子初生甚微茫排陰出九地萬物隨開張一似小兒學日就復月將勤勤不自已二十能文章仕宦至公相致君作堯湯我家公相家劒珮嘗丁當舊第開朱門長安城中央第中無一物萬卷書滿堂家集二百編上下馳皇王多是撫州寫今來五紀强尚可與爾讀助爾為賢徒經書括根本史書閱興亡顧爾一祝後讀書日日忙一

日讀十紙一月讀一箱吾兄苦好古學問不可量晝居府中治夜歸書滿牀後貴有金玉必不為爾藏崔昭生崔芸李兼生窟郎堆錢一百屋破散何披猖今雖未即死餓凍幾欲僵參軍與縣尉塵土驚劻勷一語不中治笞箠身滿瘡官罷得絲髪好買百樹桑稅錢未輸足得米不敢嘗願爾聞我語歡喜入心腸大明帝宮闕杜曲我池塘我若自潦倒看汝爭翱翔總語諸小道此詩不可忘

顔延之庭誥字延年琅琊人宋武帝臣閑居無事為庭誥之文施于閨庭之内謂不逺也　按庭誥有二篇此節録其第一

吾年居秋方慮先草木故遽以未聞誥爾在庭情有公私公通可以使神明加饗私塞不能令妻子移心是以昔之善為士者合公屏私尋尺之身而以天地為心數紀之壽常以金石為量觀夫古之先王垂教長老餘論雖器用細制每以不朽見銘繕築末迹咸以可久承志況植德立義收族長家而不思經逺守曰身行備足遺

之後人欲求子孝必先慈將責弟悌務為友雖孝不待慈而慈固植孝悌非期友而友能立悌夫和之不備或應以不和猶信不足焉必有不信倘知恩意相生情理相出可使家有參柴人皆由損　夫內居德本外夷民譽言高一世處之逾默器重一時體之滋冲不以所能干衆不以所長議物淵泰入道與天為人者士之上也若不能遺聲敬慕謙通畏避矜踞思廣監擇從其遠大文理精出而言稱未達論問宣謀茂而不以居身此其

亞也若乃聞實之為貴以辯畫所克見聲之取榮謂爭奪可獲言不出於戶牖自以為道義久立才未信於僕妾而曰我有以過人于是感苟銳之志馳傾觖之望豈悟已掛有識之裁入修家之戒乎記所云千人所指無病自死者也行近於此者吾不願聞之矣　凡有知能預有文論若不練之庶士校之羣言通才所歸前流所與焉得以成名乎若呻吟於牆室之內喧嘂於黨輩之間竊議以迷寡聞妲（梁妲字疑誤）語以敵要說是短算所出

而非長見所正適值尊朋臨座稠覽博論而言不入於高聽人見棄於衆視則慌若迷塗夫偶黶如深夜撤燭銜聲茹氣腆⿰月黑案本集作腆默而歸豈識向之夸慢祇足以成令日之沮喪邪此固少壯之廢爾其戒之　夫以怨誹為心者未有達無心救得喪多見誚耳此蓋藏獲之為豈識量之事哉是以德聲令氣愈上每高忿言懟語每下愈發有尚於君子者寧可不務勉邪雖曰常人之情不能素盡故當以遠理勝之么竿除之豈不可務自異而

取陋庸品乎　富貴貧薄事之懸也以富厚之身親貧薄之人非可以一時同處然昔有守之無怨安之不悶者蓋有理存焉夫既有富厚必有貧薄豈其證然時乃大道若人富厚是理無貧薄然乎必不然也若謂富厚在我則宜貧薄在人可乎又不可矣道在不然義在不可而橫意去就謬生希幸以為未達至分　蠶温農飽民生之本躬稼難就上以僕役為資當施其情願庇其衣食定其當治遞其優劇出之休饗後之捶責雖有勸

恤之勤而無露曝之苦務前公税以逺吏讓無急傍費以息流議量時發斂視歲穰儉省賸以奉已損散以及人此用天之善御生之得也　率下多方見情為上立長多術晦明為懿雖及僕妾情見則事通雖在畎畆明晦則功愽若奪其常然役其煩務使威烈雷霆猶不禁其欲棄其大用窮其細瑕或明灼日月將不勝其邪故曰孱焉則差的焉則闇是以禮道尚優法意欲刻優則人自為厚刻則物相為薄耕收誠鄙此用不忒無謂野

陋而不以居心也　含生之氓同祖一氣等級相傾遂成差器至夫願欲情嗜宜夫間殊若能服温厚而知穿鑿之苦明周之德厭甘旨而識寡嘸之急仁恕之功豈與夫比肌膚於草石方手足於飛走者同其意用哉罰慎其濫惠戒其偏罰濫則無以爲罰惠偏則不如無惠雖爾眇末猶偏膚保之上事思反已動類念物則其情得而人心塞矣　抃博蒲塞會衆之事諧調哂謔適坐之方然失敬致侮皆此之由方其剋瞻彌喪端儼況遭

非鄙慮將醜折豈若正其容而簡其事靜其氣而遠其意使言必諍厭賓友聽耳笑不傾撫左右悅目非鄙無因而生侵侮何從而入此亦持德之管籥爾其謹哉嫌惑疑心誠亦難分豈唯厚貌蔽智之明深情怯剛之斷而已哉必使猜怨賢愚則嚬笑入戾眈愛犬馬則步顧成妖況動容竊斧束裝濫金又何足論也是以前王作典明慎議獄而僭濫易意朱公論璧光澤相如而倍薄異價此言雖大可以戒小

游道雖廣交義為長得

在可久失在輕絕久由相敬絕由相狎愛之勿勞當扶其正性忠而勿誨必藏其枉情輔以藝業會以文辭使親不可褻踈不可間每存大德無挾小怨率此往也足以相終

酒酌之設可樂而不可嗜嗜而非病者希病而遂眚者幾既眚既病將蔑其正若存其正性紓其妄發其唯善成乎

聲樂之會可簡而不可違違而不背者鮮矣背而非獘者反矣既獘既背將受其殿必能通其礙而節其流意可謂中和矣

善施者唯發自人心

乃出天則與不待積取無謀實並散千金誠不可能贍人之急雖乏必先使施如王丹受案本集作愛誤如杜林亦可與言交矣　浮華怪飾滅質之具奇服麗食棄素之方動人勸慕傾人顧盼可以遠識奪難用近欲從若覩其淫怪知生之無心為見奇麗能致諸非務則不抑自貴不禁自止　夫數相者必有之徵既聞之術人又驗之吾身理可得而論也人者兆氣二德禀體五常二德有奇偶五常有勝殺及其為人寧無恊沴亦猶生有好醜

死有夭壽人皆知其懸天至於丁年乖遇中身迋合者可易地哉是以君子遘命愈難識道愈堅古人恥以身為溪壑者屏欲之謂也欲者性之煩濁氣之蒿蒸故其為害則熏心智耗真精傷人和犯天性雖生必有之而生之德猶火含煙而妨火桂懷蠹而殘桂然則火勝則煙滅蠹壯則桂折故性明者則欲簡嗜繁者氣惛去明即惛難以生矣是以中外羣聖建言所黜儒道衆智發論是除然有之者不患不深故藥之者恒苦術淺所

以毀道多而於義寡矣　夫嫵嗜之性不同故畏慕之情或異從事於人者無執人我之性心不以已之所善謀人為有明矣不以人之所務失我能有守矣已所謂然而彼定不能奕棊之獘悅彼之可而忘我之不可學嚬之獘將求去獘者念通性分（宋本集作作介誤）而已　流言謗議有道所不免況在闒薄難用莫防接應之方言必出已或信不素積嫵閒所襲或信不和物尤怨所聚有一於此何處逃毀苟能反悔在我而無責於人必有達

鑒昭其情遠識迹其事日省吾躬月料吾志寬然以居潔靜以期神道必在何恤人言　諺曰富則盛貧則病矣貧之病也不惟形色麤黶或亦神心沮廢豈但交友踈棄必有家人誚讓非廉深識遠者何能不移其操故欲蠲憂患莫若懷古懷古之志當自同古人見通則憂淺意遠則怨浮昔人琴歌於編蓬中者用此道也　夫信不逆彰義必出隱交類相盡明有相照一面見旨則情固邱岳一言中志則意入淵泉以此事上水火可蹈

以此託友金石可潄豈待充其榮實乃將議報厚之筐篚然後圖終如或與立茂思無忽祿利者受之易易則人之所榮蠶穡者就之艱艱則物之所鄙艱易既有勤倦之情榮鄙又開向背之意此二塗所爲反也以勞定國以功施人則役屬而擅豐麗自埋於民自事其生則督妻子而趨耕織必使陵侮不作縣企不萌所謂賢鄙處宜華野同泰　人以有惜爲質非假嚴刑有恒爲德不慕厚賞有惜者以理會有恒者與物終世或有位去

則情盡斯無惜矣又有務謝則心移斯不恒矣又非徒若此而已或見人休事則勤斷結納及聞否論則處彰離貳附會以從風隱竊以成釁朝吐面譽暮行背毀昔同稽款令猶叛戾斯爲甚矣又非若此而已或憑人惠訓藉人成立與人餘論依人揚聲曲存稟仰甘赴塵軌衰没畏遠忌聞影迹又蒙蔽其善毀之無度心短彼能私樹已拙自崇恒輩罔顧高識有人至此實蠹大倫每思防避無通閭伍　覩驚異之事或涉流傳遭卒迫

之變反思安順若異從已發將尸謗人迫而又迋愈使失度能夷異如裴楷處逼如裴遐可稱深士乎喜怒者有性所不能無常起於褊量而止於宏識然喜過則不重怒過則不威能以恬漠為體寬愉為器者大喜蕩心微抑則定甚怒煩性小忍即歇動無愆容舉無失度則物將自懲人將自止

習之所變亦大矣豈惟蒸性染身乃將移智易慮故曰與善人居如入芝蘭之室久而不知其芳與之化矣與不善人居如入鮑魚之肆久而

不知其息與之變矣是以古人慎所與處惟夫金貞玉粹者乃能盡而不汚爾故曰丹可滅而不能使無赤石可毀而不能使無堅苟無丹石之性必慎浸染之由能以懷道為人必存從理之心道可懷而理可從則不議貧議所樂爾或云貧何由樂此未求道意道者瞻富貴同貧賤固得而齊自我喪之未為通議苟議不喪夫何不樂或曰溫飽之貴所以榮生饑寒在躬空曰從道取諸其身將非篤論此又不通理用者也凡養生之具豈

聞定實或以膏腴失性有以菽藿登年中散云所足在内不由於外是以稱體而食貧歲愈歉量腹而炊豐家餘飡非粒實息耗意有盈虛爾況心得優劣身獲仁富明白入素氣志如神雖十旬九飯不能令饑歔席案本集作業席三屬不能為寒豈不信然　且以己為度者無以自通彼量渾四極而斡五緯天道宏也振河海而載山川地道厚也一情紀而合流貫人靈茂也昔之通乎此數者不為剖判之行必廣其風度無挾私殊博其交通靡

懐曲異故望塵請友則義士輕身一遇拜親則仁人投分此倫序通允禮俗平一上獲其用下得其和世務雖移前休未遠人之適主吾將反本　夫人之生暫有心識幼壯驟過衰耗鶩及其間天鬱既難勝言假獲存遂又云無幾柔麗之身亟委土木剛清之才遽為邱壤回遑顧慕惟數紀之中爾以此持榮曾不可留以此服道亦何能久進退我生遊觀所達得貴為人將在含理含理之貴惟神與交幸有心靈義無自惡偶信天德逝不

上慚欲使人沉來化志符往哲勿謂賒日繫斯窓若通此意吾將忘老如曰不然其誰與歸偶懷所撰述畧布衆條若備舉情見顧未畫一瞻身之經别在田家節政奉終之紀自著燕居畢義

劉禹錫名子說 字夢得中山人唐夔州刺史名二子說又留海曹師等詩

魏司空王昶名子制諠咸得立身之要前史是之然則書紳銘器孰若發言必稱之乎今余名爾長子曰咸允字信臣次曰匡字敬臣欲爾於人無賢愚於事無大小

咸推以信同施以敬俾物從而衆悦其庶幾乎夫忠孝之於人如食與衣不可斯須離也豈俟余曷哉仁義道德非訓所及可勉而企者故存乎名夫朋友字之非吾職也顧名旨所在遂從而釋乎夫孝始於事親終於事君偕曰臣之終也萬物有醜好各各一姿分惟人即不爾學與不學論學非採其花要自發其根孝友與誠實而不忘邇言根本既深實柯葉自滋繁念爾無忽此期以慶吾門

魏收枕中篇字伯起鉅鹿人北齊史官以子姪少年申以戒厲著枕中篇云

吾曾覽管子之書其言曰任之重者莫如身途之畏者莫如口期之遠者莫如年以重任行畏途至遠期惟君子為能及矣追而味之喟然長息若夫岳立為重有潛戴而不傾山藏稱固亦趨貿而弗停呂梁獨浚能行歌而匪惕焦原作險或躋踵案北史作削踵而不驚九陵方集故眇然而迅舉五紀當定想宵宇而上征苟任重也有度則任之而愈固乘危也有術蓋乘之而靡恤彼期遠而

能通果應之而可必豈神理之獨爾亦人事其如一鳴乎處天壤之間勞死生之地攻之以嗜欲牽之以名利粱肉不期而共臻珠玉無足而俱致于是乎驕奢仍作危亡旋至然則上知大賢唯幾唯哲或處或出不常其節其舒也濟世成務其卷也聲銷迹滅玉帛子女椒蘭律呂謟諛無所先稱肉度骨膏唇桃舌怨惡莫之前勳名共山河同久志業於金石比堅斯蓋厚棟不撓遊及耆然逮於厥德不常喪其金璞馳騖人世鼓動流俗挾

湯日而為寒包溪壑而未足源不清而流濁表不端而影曲嗟乎膠漆詎堅寒暑甚促反利而成害化榮而就辱欣戚更來得喪仍續至有身縶魑魅魂沉狴獄詎非足力不彊迷在當局孰可為車戒前傾人師先覺聞諸君子雅道之士遊遨經術厭飫文史筆有奇峯談有勝理孝弟之至神明通矣審道而行量路而止自我及物先人後己情無繫於榮悴心靡滯於慍喜不養望於邱壑不待價於城市言行相顧慎終猶始有一於斯鬱為

羽儀恪居展事知無不為或左或右則髦士攸宜無悔無吝故高而不危異乎勇進忘退苟得患失射千金之產邀萬鍾之秩投烈風之門趨炎火之室載蹶而墜其詒燕或蹲乃喪其貞吉可不畏歟可不戒歟門有倚禍事不可不密牆有伏寇言不可而失宜諦其言宜端其行言之不善行之不正鬼執强梁人囚徑廷案徑廷北史作徑挺幽奪其魄明夭其命不服非法不行非道公鼎為己信私玉非身寶過涅為紺踰藍作青持繩視直置水觀平

時然後取未若無欲知止知足庶免於辱是以為必察其幾舉必慎於微知幾慮微斯亡則希既察且慎福禄攸歸昔蘧瑗識四十九非顏子隣幾三月不違跬步無已至於千里覆簣而進及於萬仞故云行遠自卑可大可以與世推移月滿如規後夜則虧槿榮於枝望暮而萎夫奚益而非損孰有損而不害益不欲多利不欲大唯居德者畏其甚體真者懼其大道尊則羣謗集任重而衆怨會其達也則尼父栖遑其忠也而周公狼狽無

曰人之我挾在家不可而覆無曰人之我厚在我不可而咎如山之大無不有也如谷之虛無不受也能剛能柔重可負也能信能順險可走也能知能愚期可以也周廟之人三緘其口漏卮在前欹器留後俾諸來裔傳之坐右

中樞龜鏡　蘇瓌字昌容雍州人唐中宗宰相以子頲有宰相器暇日逡巡舉二十七事預戒之及頲相容以示宋璟請號中樞龜鏡云

宰相者上佐天子下理陰陽萬物之司命居司命之位

苟不以道應命翱翔自處上則阻天地之交泰中則絶性命之至理下則阻生物之阜植苟安一日是稽陰誅況父之子

臨大事斷大義正道以當之若不能即速退中樞之地非偷安之所

平心以應物無生妄慮似覺非正則速回之使父而不失正也

數奏宜直勿婉應對無常速機可以回小事沉機可以成大計

同列之間隨器以應之則彼自容矣容則自峻其道以示之無令庸者其來浼我也賢者親而狎之無過狎而失敬

則事無不舉矣　舉一官一職一將一帥須其材德者聽衆議以命之公是非即無爽矣　人不能盡賢盡愚汝唯器之　與正人言則其道堅實而不渝材人可以責成辦事辦事不可與議與之議則失根本歸權道也　審姦吏辭煩而忘親者去之　崇儒則篤敬侈靡之風不作不作則平和平和則自臻理道矣　刺史縣令久次以居之不能者立除之無奸柄施恩交馳道路既失為官之意受奬者隨之矣　欲庶而富在乎久安不

教而戰是為棄之　佐理在乎謹守制度俾邊將嚴兵修斥堠使封疆不侵不必務廣徒費中國事無益也

古者用刑輕中重之三典各有攸處方令為政之道在守中典謹而守之無為人之所貳　無請數赦以開倖門　勿畏强禦而損制度　教令少而確守之則民情膠固矣　毋太剛以臨人事慮不盡不審則失身非所議者勿與之言　勤思慮不以小事而忽機管　財無多蓄計有三年之用外散之親族多蓄甚害義令人心

不寧不寧則理事不當矣　清身檢下毋使邪隙微開而貨流於外矣　遠妻族毋使揚私於外仍須先自戒謹檢子弟毋令開戶牖毋以親屬撓有司一挾私則毋以提綱在上矣　子弟婿居官隨器自任調之勿過其器而居人之右　子弟車馬服用毋令越衆則保家則能治國　居第在乎潔不在華毋令稍過以荒厥心

卷四

戒子通録卷五

宋 劉清之 撰

蘇丞相訓子孫詩頌字子容丹陽人元祐丞相紹聖家居作述懷百韻以代家訓今取其畧云按以後録宋人語標題内俱不直書其名蓋當時尊禮先進之意今亦各仍其舊

我昔就學初髫童齒未齔嚴親念癡狂小藝誘愚鈍始時授章句次第教篇韻十齡獨侍行千里赴朝覲應門侍賓客睦族周親分箕裘襲素風蘭芷漸腴潤佔畢自忘勞攻堅常切問六經日沉酣百氏恣蹂躪籯書迨今

存手澤亦未泯賴此漸摩益稍知聖賢蘊風霜經六紀蓬蓧垂兩鬢念昔多囏勤誨爾宜悱憤名教樂有餘異端多亂紊其要本誠明烏在問圓頓美璞不雕琢安得懷瑜瑾良罷不深藏渠能免瑕釁學問不沾洽何由垂望聞操守不堅純久必成淄磷進修欲及時行違要無悶當年儻因循晚歲必悔恨更思祖先勳相傳清白訓出處有殊途豐約毋過分考室俟肯堂肥家在忍順常使棣華榮無致荆枝忿中冓須自防外誘不可徇力行

儻不渝家聲期遠振

邵康節戒子孫 雍字堯夫洛陽人熙寧徵士謚康節

上品之人不教而善中品之人教而後善下品之人教亦不善不教而善非聖而何教而後善非賢而何教亦不善非愚而何是知善也者吉之謂也不善也者凶之謂也吉也者目不觀非禮之色耳不聽非禮之聲口不道非禮之言足不踐非禮之地人非善不交物非義不取親賢如就芝蘭避惡如畏蛇蝎或曰不謂之吉人則

吾不信也凶也者語言詭譎動止陰險好利飾非貪淫樂禍病良善如讎隙犯刑憲如飲食小則殞身滅性大則覆宗絕嗣或曰不謂之凶人則吾不信也傳有之曰吉人為善惟日不足凶人為不善亦惟日不足汝等欲為吉人乎欲為凶人乎　戒子吟云至寶明珠非有類金珍良玉自無瑕為珠為玉尚如此何況為人多過差　又云有過不能改知賢不肯親雖生人世上未得謂之人　又云善惡無他在所存小人君子此中分改圖

不害為君子迷復終歸作小人良藥有功方利病白圭無玷始稱珍欲成令器須追琢過失如何不就新 又

教子吟為人能了自家身千萬人中有一人雖用知如未知說在乎行與不行分該通始謂才中秀傑出方名席上珍善惡一何相去遠也由資性也由勤

孫宣公奭字宗右博州人天禧從官疾甚徙正寢屏婢妾謂子瑜曰

逮吾屬纊當毋內姬妾獨若與諸孫在庶不死于婦人之手

陳師德閩人謂之為學十戒按朱子文集師德名定莆田人官右承奉郎

道不可不力學勿入諸子　經當潛心以終身勿作經生　行不可不砥礪勿作險怪　政事不可不學勿作俗吏　文不可不學勿作文士　詩不可不學勿作詩人　九流不可不貫穿勿泥小道　科目不可不勉應勿作舉子　書不可不學勿取書名　技藝不可不學勿妨本業

胡翼之遺訓名瑗泰州人嘉祐天章侍講

嫁女必須勝吾家者勝吾家則女之事人必欽必戒娶婦必須不若吾家者不若吾家者則婦之事舅姑必執婦道

劉彥沖 子翬字彥沖建州人紹興通判興化軍訓其子玶云

吾聞之糟粕捐淳精聚誠意畢芻狗除此言雖小可以踰大孰為學問之粹而有益于吾身哉木揉而曲其老不舒人揉弗攻其成必愚故善學者必謹其初凡日用間業業乾乾散秩必恭執事必虔中惟不自輕雖奴隸

亦尊唾地如汙其畏如是寢則易安食則知味頮面奏圜脫襟屣履每每存之斯無過矣自朝至昏以一心貫焉勿謂末也本實由之毋悅于新毋駭于奇驟得必夸久而寖微習而察焉豈曰無徵出入有所行止必恭其次也須刻之功初若不足外務奪之或斷或續及其至焉皆其所積故君子許其進而惰夫疑以自絕原有生之初愚智混混學如蛻焉其質乃變變非他知實由昔見存之則誠體之則仁孰明此哉聖心之純性本渾全

或誤于未聞知誤勿執守之則真斯言不守何多求焉棟守雖充不如掩編如人有車身必自登弗軸弗輈則何以行凡初有聞果然自足嵬岸恣睢自離于曲可口之實出于凡木人或有言志善忘惡彼真不賢可助余之最見賢可信信之不疑勿窺其小疵謂不足以為余師我信乃自益我疑則自隳師乎師乎惟已之為溫故知新吾昔所聞與今聞合豈不欣欣如膏熾薪心源益明古人得善惟恐弗居如拯火捕亡其敢緩諸苟曰此

日姑且聊以優游則知終身無復好修惟命乃中扃泯泯棼棼以敬直之如風掃蚊一道通明振古如茲曰子衰矣尚識前言子其循之學必有聞

張忠獻遺令（名浚字德遠廣漢人紹興丞相）

婚禮不用樂三日後管領親家即隨宜使酒成禮可矣不當效彼俗子徒為虛費無益有損　祭禮重大以至誠嚴潔為主别置盤盞碗碟之類常切封鎖以待使用

喪禮貴哀佛事徒為觀看之美誠何益不若節浮費

而依古禮施惠宗族之貧者賓客盡誠盡禮可也恣烹炮飾罷用又羣集婦女言語無節昏志損財爲害莫大

范魯公戒從子詩 質字太素大名人建隆宰相從子果嘗求奏遷秩質作詩曉之

去年初釋褐一命列蓬丘適會飛龍慶王澤天下流爾得六品階無乃太爲優如何志未滿意欲淩霄遊苦言品位卑寄書來我求省之再三嘆不覺淚盈眸吾家本寒素門地寡公侯先子有令德樂道甞優游積善有餘

慶清白可詒謀伊余奉家訓孜孜務進修夙夜事勤肅言行思悔尤出門擇交友防慎畏薰猶省親嘗懼玷恐掇庭闈羞童年志于學不敢墮箕裘二十中甲科赭尾化為虬三十入翰苑步武向瀛洲四十登輔佐貂冠侍冕旒備位行一紀將何助帝猷既非救旱雨豈是濟川舟天子未遐棄日益素餐憂黄河潤千里草木皆浸漬吾宗凡九人繼踵升官次門内無白丁森森朱緑紫鵷行暨内職亞尹州從事府掾監省官高低皆清美悉由

僥倖然不因資考至朝廷懸爵秩命之日公器才奢祿
及身有功賞于世非才又非功安得專厚利寒衣內府
帛飢食太倉米不蠶復不穡未嘗勤四體雖然一家榮
豈塞衆人議顒顒十目窺擬擬千人指借問爾與吾如
何不自愧戒爾學立身莫若先孝弟怡怡奉親長不敢
生驕易戰戰復兢兢造次必於是戒爾學干祿莫若勤
道藝嘗聞諸格言學而優則仕不患人不知惟患學不
至戒爾遠恥辱恭則近乎禮自卑而尊人先彼而後己

相鼠與茅鴟宜鑑詩人刺戒爾勿放曠放曠非端士周
孔垂名教齊梁尚清議南朝稱八達千載穢青史戒爾
勿嗜酒狂藥非佳味能移謹厚性化為凶險類古今傾
敗者歷歷皆可記戒爾勿多言多言眾所忌苟不慎樞
機災厄從此始是非毀譽間適足為身累舉世重交游
擬結金蘭契忿怨容易生風波當時起所以古人疾籧
篨與戚施舉世重任俠俗呼為氣義為人赴急難往往
陷囹圄所以馬援書勤勤告諸子舉世賤清素奉身好

華侈肥馬衣輕裘揚揚過閭里雖得市童憐還為識者鄙我本羈旅臣遭逢堯舜理位重才不充戚戚懷憂畏深泉與薄氷蹈之唯恐墜爾曹當閔我勿使增罪戾閉門斂蹤跡縮首避名勢勢位難久居畢竟何足恃物盛則必衰有隆還有替速成不堅牢亟走多顛躓灼灼園中花早發還先萎遲遲澗畔松鬱鬱含晚翠賦命有疾徐青雲難力致寄語謝諸郎躁進徒為耳

晏元獻與兄書 殊字同叔撫州人康定丞相與兄書言教子之事

殊再拜領手書深喜王事外尊候萬福長幼安寧四郎下面二孩兒知已取在彼不知令讀書否假如性不高亦須勤令讀書學書學禮度視老宿有德之人所冀向後自了得一身免辱門户也切切切此最日夕急切之事二十七殿直一二年來大段聽人言語謹卓不曾出入兼識好惡甚得力免勞人心力亦應是從有家累知惜身事兄弟且免一件憂煎所以因信上聞希令諸子知之若箇箇稍學好事免為人所嗤笑成立得身事則尊

上父母一生放心有望矣門前望不要令小後生輕薄不著實者來往或尋得一有年甲嚴謹門客教訓諸子甚好先少師所以常切切於此事重余性饒美朴實嫵其餘輕薄殊日近思量方知是格言也近日京朝官班行中公事甚多細觀多是人家子弟輕事親押非類者足知小男女尤宜親近有德遠輕薄之徒也冬寒公餘加愛不備

杜正獻責弟書 衍字世昌越州人慶歷丞相與大寺丞書

比人從到便嫌我家貧云汝左右皆金釧釵鈿每婢榻上各有四五張綾被然則汝性侈料得亦未有許多物色始則不信洎聞蔣姑東下屢出告隨舟歸汝家去洎不從之由是病日增矣以此參驗即慕汝家富無差矣二哥不肯盡述恐汝不悉故報之

韓忠獻戒子姪詩 琦字稚圭相州人嘉祐丞相寒食親拜二墳因戒子姪

春色清且明節歲一百五寒食遵遺俗潑火霽微雨非才忝國恩因病得吾土何以知殊榮此日奉宗祖新安

惟皇考豐安則王父松楸各萬株崗勢擁城府二塋相去閭近止一舍許前曉揭旌牙蠲潔具罍俎芬馨達孝誠儼若侍容語禮成無一違觀者競如堵退惟愚小子未老膺旌斧顧己胡能然世德大門户思為後嗣戒永永著家矩子姪聽吾言汝各志心膂汝曹生綺紈得仕匪艱苦學業勤則成富貴汝自取仁睦周吾親忠義報吾主聞須求便宜墳隴善完補死則託二塋慎勿葬他所得從祖考游魂魄自寧處無惑葬師言背親圖福祜

有一廢吾言汝行則臣屬宗族正其罪聲伐可鳴鼓宗族不繩之鬼得而誅汝

歐陽文忠書示子 修字永叔廬陵人治平執政試筆書付子棐奕

藏精于晦則明養神于靜則安晦所以畜用靜所以應動善畜者不竭善應者無窮此君子修身治人之術然性近者得之易也　勉諸子　玉不琢不成器人不學不知道然玉之為物有不變之常雖不琢亦為器而猶不害為玉也人之性因物則遷不學則捨君子而為小

人可不念哉　與姪通理　自南方多事以來日夕憂汝得昨日遞中書頓解憂想歐陽氏自江南歸明累世蒙朝廷官祿吾今又被榮顯致汝等並列官品當思報効偶此多事如有差使盡心向前不得避事至於臨難死節亦是汝榮事但存心盡公神明自祐汝慎不可思避事也昨書中言欲買朱砂來吾不闕此物汝于官下宜守廉何得買官下物吾在官所除飲食外不曾買一物汝可觀此為戒也

唐質肅 介字子方按介江陵人天聖侍御史

公一日退朝謂諸子曰吾以直道自任蒙聖主厚恩參貳政府惟以至公爲報不敢以朝廷官爵爲己私恩桃李固未與汝等栽培惟荆棘則甚多矣然仕宦窮達各有時命汝等自勉之

與子書 韓忠憲 億字宗魏雍邱人景祐參知政事與子綜書

得書知汝受館閣之職深切忻慰但服勤職業一心公忠何慮不達更宜每事韜晦懼輕言之失爲妙又云知

汝受府推作贊浩穰庶事皆須經心熟思毋致小有失錯至于斷一笞杖稍或不當明則懼于朝章幽則累于陰騭可不戒哉

名二子說　蘇先生洵字明允眉州人嘉祐編禮

輪輻蓋軫皆有職乎車而軾若無所為者雖然去軾則吾未見其為完車也軾乎吾懼汝之不外飾也天下之車莫不由轍而言車之功者轍不與焉雖然車仆馬斃而患亦不及轍是轍者善處乎禍福之間也轍乎吾知

免矣

訓子孫文　司馬文正（光字君實陝州人元祐丞相）

吾家本寒族世以清白相承吾性不喜華靡自為乳兒時長者加以金銀華美之服輒羞赧棄去之二十忝科名聞喜燕獨不戴花同年曰君賜不可違也乃簪一花平生衣取蔽寒食取充腹亦不敢服垢敝以矯俗干名但順吾性而已衆人皆以奢靡為榮吾心獨以素儉為美人皆嗤吾固陋吾不以為病應之曰孔子稱與其不

遜也寧固又曰以約失之者鮮矣又曰士志於道而恥惡衣惡食者未足與議也古人以儉爲美德今人以儉相詬病嘻異哉近世風俗尤爲侈靡走卒類士服農夫躡絲履吾記天聖中先公爲羣牧判官客至未嘗不置酒或三行或五行不過七行酒沽于市果止梨粟棗柹肴止于脯醢菜羹器用甆漆當時士大夫家皆然人不相非也會數而禮勤物薄而情厚近日士大夫家酒非内法果肴非遠方珍異食非多品器皿非滿案不置會

賓友常數月營聚然後敢發書笥或不然人爭非之以為鄙吝故不隨俗靡者鮮矣嗟乎風俗頹敝如是居位者雖不能禁忍助之乎又聞李文靖公為相治第于封邱門外廳事前僅容旋馬或言其太隘公笑曰居第當傳子孫此為宰相廳事誠隘為太祝奉禮廳事已寬矣參政魯公為諫官真宗遣使急召之得于酒家既入問其所來以實對上曰卿為清望官奈何飲于酒肆對曰臣家貧客至無器皿果肴故就酒家觴之上以其無隱

益重之張文節爲相自奉如河陽掌書記時所親或規之曰公今受俸不少而自奉若此雖自信清約外人頗有公孫布被之譏公宜少從衆公歎曰吾今日之俸雖舉家錦衣玉食何患不能顧人之常情由儉入奢易由奢入儉難吾今日之俸豈能常有身豈能常存一旦異于今日家人習奢已久不能頓儉必致失所豈若吾居位去位身存身亡如一日乎嗚呼大賢之深謀遠慮豈庸人所及哉御孫曰儉德之共也侈惡之大也共同也

言有德者皆由儉來也儉則寡欲君子寡欲則不役于物可以直道而行小人寡欲則能謹身節用遠罪豐家故曰儉德之共侈則多欲君子多欲則貪慕富貴枉道速禍小人多欲則多求妄用敗家喪身是以居官必賄居鄉必盜故曰侈惡之大也昔正考父饘粥以餬口孟僖子知其後必有達人季文子相三君妾不衣帛馬不食粟君子以為忠管仲鏤簋朱紘山楶藻棁孔子鄙其小器公叔文子享衛公史鰌知其及禍及戌果以富得

罪出亡何曾日食萬錢至孫以驕溢傾家石崇以奢靡誇人卒以此死東市近世寇萊公豪侈冠一時然以功業大人莫之非子孫習其家風今多窮困其餘以儉立名以侈自敗者多矣不可徧數聊舉數人以訓汝汝非獨身當服行當以訓汝子孫使知前輩之風俗云　夫人孤愚者則不然棄其九族遠其兄弟欲以專利其身殊不知身既孤人斯戕之矣于利何有哉昔周厲王棄其九族詩人刺之曰懷德惟寧宗子維城毋俾城壞毋

獨斯畏苟為獨居斯可畏矣宋昭公將去羣公子樂豫曰不可公族公室之枝葉也若去之則本根無所庇蔭矣葛藟猶能庇其本根故君子以為比況國君乎此諺所謂庇焉而縱尋斧焉者也必不可君其圖之親之以德皆股肱也誰敢攜貳若之何去之昭公不聽果及于亂華亥欲代其兄合比為右師譖之平公而逐之左師曰汝夫也必亡汝喪而宗室于人何有人亦于汝何有既而華亥果亡孔子曰不愛其親而愛他人者謂之悖

德不敬其親而敬他人者謂之悖禮以順則逆民無則焉不在于善而皆在于凶德雖能得之又奚足以為君子之所貴哉故世之人欲愛其身而棄其宗族烏在其能愛身也孔子曰均無貧和無寡安無傾善為家者爪牙之利不及虎豹旅力之强不及熊羆奔走之疾不及麋鹿飛颺之高不及燕雀苟非羣聚以禦外患則久為異類食矣是故聖人教人以禮使知父子之親人知愛其父則知愛其兄弟矣知愛其祖則知愛其宗族矣如

枝葉之附于根幹手足之繫于身首不可離也豈徒使其粲然條理以為榮觀哉乃實欲使相依庇以扞外患也吐谷渾阿豺有子二十人病且死謂曰汝等各奉吾一隻箭折之慕利延折之曰汝取十九隻箭折之利延不能折阿豺曰汝曹知否單者易折衆則難摧戮力一心然後社稷可固言終而死彼戎羌也猶知宗族相保以為彊況華夏乎聖人知一族不足以獨立也故又為之甥舅婚媾姻婭以輔之猶懼其未也故又慈養百姓

以衛之故愛親者所以愛其身也如是則其身安如泰山壽如箕翼他人安得而侮之哉故自古聖賢未有不先親九族然後能施及他人者彼盡其所有而均之雖糲食不飽敝衣不完人無怨矣夫怨之所生生于自私及有所厚薄也漢世諺曰一尺布尚可縫一斗粟尚可舂言尺布可縫而共衣斗粟可舂而共食譏文帝以天下之富不能容其弟也　梁中書侍郎裴子野家貧妻子常苦饑寒中表貧乏者皆收養之時逢水旱以二石

米為薄粥僅得徧焉躬自同之曾無厭色此得收族之道者也為人父祖者莫不思利其後世然果能利之者鮮矣何以言之今之為後世謀者不過廣營生計以遺之田疇連阡陌邸肆跨坊曲粟麥盈囷倉金帛充篋笥慊慊然求之猶未足施施然自以為子子孫孫累世用之莫能盡也然不知以義方訓其子以禮法齊其家自于十數年中勤身苦體以聚之而子孫以歲時之間奢靡遊蕩以散之反笑其祖考之愚不知自娛又怨其吝

嗇無恩于我而厲之也始則欺紿攘竊以充其欲不足則立約舉債于人覬其意惟患其祖考之壽也然則鄉之所以利後世者適足以長子孫之惡而身禍也須嘗有士大夫其先亦國朝名臣也家甚富而尤吝嗇斗升之粟尺寸之布必身自出納鏁而封之晝則佩鑰于身夜則置鑰于枕下病甚困頓不知其子孫竊其鑰開藏室發篋笥取其資財其人復蘇即捫枕下求鑰不得憤怒遂卒其子孫不哭相與爭匿其財遂致鬬訟其處女亦

蒙首執牒自訴于府庭以争嫁資為鄉黨笑蓋由子孫自幼及長惟知有利不知有義故也夫生生之資固人所不能無然勿求多餘多餘希不為累矣使其子孫果賢耶豈疏糲布褐不能自營死于道路乎若其不賢耶雖積金滿堂室又奚益哉故多藏以遺子孫也吾見其愚之甚然則聖賢不顧子孫之匱乏耶曰何為其然也昔者聖賢遺子孫以廉以儉舜自側微積德至于為帝子孫保之享國百世而不絕周自后稷公劉太王王季

文王積德累功至于武王而有天下其詩曰詒厥孫謀以燕翼子言豐德澤明禮法以遺後世而安固之也故能子孫承統八百餘年其支庶猶為天下之顯諸侯棊布于海内其為利豈不大哉

海虞令何子平母喪去官哀毁踰禮每哭踊頓絶方蘇屬大明末東土饑荒繼以師旅八年不得營葬晝夜號哭常如袒括之日冬不衣絮夏不就清凉一日以米數合為粥不進鹽菜所居屋敗不蔽風日兄子伯興欲為葺理子平不肯曰我情

事未申天地一罪人耳屋何宜覆蔡興宗為會稽太守甚加矜賞為營冢壙　新野庾震喪父母居貧無以葬賃書以營事至于掌穿然後成葬事賢者於葬如此其汲汲也今世俗信術者妄言以為葬不擇地及歲月日時則子孫不利禍殃總至乃終喪除服或十年或二十年或終身或累世猶不葬至為水火所漂焚他人所投棄失亡尸柩不知所之者豈不哀哉人所貴有子孫者為其死而形體有所付也死而不葬則與無子孫而死

道路者奚以異乎詩云行有死人尚或殣之况為人子乃忍棄其親而不葬哉　唐太常博士吕才叙葬書曰孝經云卜其宅兆而安厝之葢以窀穸既終永安體魄而朝市遷變泉石交侵不可前知故謀之龜筮近代或選年月或相墓田以為一事失所禍及死生按禮天子諸侯大夫葬皆有月數則是古人不擇年月也春秋九月丁巳葬定公雨不克葬戊午日下昃乃克葬是不擇日也鄭葬簡公司墓之室當路毀之則朝而窆不毀則日中

而窆按左傳作朝而堋日中而堋子產不毀是不擇時也古之葬者皆於國都之北域兆有常處是不擇地也今葬書以為子孫富貴貧賤夭壽皆因葬所致夫子文為令尹而三已柳下惠為士師而三黜計其邱壠未嘗改移而野俗無識妖巫妄言遂于擗踴之際擇葬地而希官爵荼毒之秋選塋時而規利斯言妄矣夫死生有命富貴在天固非葬所能移就使能移孝子何忍委其親不葬而求利于己哉世又用羌人法自焚其柩収燼骨而葬之者

人習為常恬莫之怪嗚呼訛俗悖戾乃至此乎或曰旅官遠方貧不能致其柩不焚之何以致其歸葬曰如廉范輩豈其家富耶延陵季子有言骨肉歸復于土命也魂氣則無不之也舜為天子巡守至蒼梧而殂葬于其野彼天子猶然況士民乎必也竭力不能歸其柩即所亡之地而葬之不猶愈于火焚乎

易恒之六五曰恒其德貞婦人吉夫子凶象曰婦人貞吉按恒字舊本作常貞字舊本作正盖避真宗仁宗諱今改正從一而終也夫子制義從婦凶也大夫

生而有四方之志威令所施大者天下小者一官而近不行于室家為一婦人所制不亦可羞哉昔晉惠帝為賈后所制廢武悼楊太后於金墉絕膳而終因愍懷太子于許昌尋殺之唐肅宗為張后所制徙上皇于西内以憂崩建寧王倓以忠孝受誅彼二君者貴為天子制于悍妻上不能以保其親下不能以庇其子況于臣民乎自古及今以悍妻而乖離六親敗亂其家者可勝數哉然則悍妻之為害大矣故凡娶妻不可以不慎擇也

既娶而防之以禮不可不在其初也其或驕縱悍戾訓勵禁約而終不從不可以不棄也夫婦以義合義絕則離今之士大夫有出妻者衆則非之以為無行故士大夫難之按禮妻有七出顧所以出之用何事爾若妻實犯禮而出之乃義也昔孔氏三世出其妻自餘賢士以義出其妻者衆矣奚虧於行哉苟室有悍妻而不去則家道何日而寧乎太史公曰夏之興也以塗山而桀之放也以末喜殷之興也以有娀紂之殺也嬖妲己周之

興以姜嫄及太任而幽王之禽也淫于褒姒故易基乾坤詩始關雎夫婦之際人道之大倫也禮之用唯婚姻為兢兢夫樂調而四時和陰陽之變萬物之統也可不慎歟為人妻者其德有六一曰柔順二曰清潔三曰不妬四曰儉約五曰恭謹六曰勤勞夫天也妻地也夫日也妻月也夫陽也妻陰也天尊而處上地卑而處下日無盈虧月有圓缺陽唱而生物陰和而成物故婦人專以柔順為德不以强辯為美也

張無盡名天覺蜀之新津人紹聖執政此云名天覺誤也 按張商英字天覺號無盡居士

父孝子必孝不教亦須孝自己身不孝養子謾勞教慈烏本來孝何曾得人教孝是種子法不由教不教

戒子弟言　王文正旦字子明魏州人景德丞相

我家世名清德當務儉素保守門風不得恃相輔家事泰侈

戒子言　高瓊亳州人景德大將每戒諸子

毋曲事要勢以覬進身若吾奮節行閒至秉旄鉞宜因

人力哉

唐既 字潛亨江陵人元符隱士教子務充其德性

良能富于己何得為貧識者皆貴之何得為賤此天下真富貴也汝能自立足矣餘聽命可也

家訓 楊文公 億字大年建州人天禧翰林學士

童稚之學不止記誦養其良知良能當以先入之言為主日記故事不拘今古必先以孝弟忠信禮義廉恥等事如黄香扇枕陸績懷橘叔敖陰德子路負米之類只

如俗說便曉此道理久久成熟德性若自然矣

江端友 陳留人 按端友字子我靖康初賜進士出身後至太常少卿

夜臥不眠常須息心定志勿妄籌畫無益之事及起邪思當審觀此身暫聚不久既死之後急急斂藏葢其敗壞不可堪見方此之時誰為我者如此思之用意勞神鑿空妄作名利之心皆可灰滅以之涉世遇患鮮矣志慮既澄自能體道念念皆正則大丈夫之事也凡飲食知所從來五穀則人牛稼穡之艱難天地風雨之順成

變生作熟皆不容易肉味則殺生斷命其苦難言思之令人自不欲食况過擇好惡又生嗔恚乎一飽之後八珍草萊同爲臭腐隨家豐儉得以充饑便自足矣門外窮人無數有盡力辛勤而不得一飽者有終日饑而不能得食者吾無功坐食安可更有所擇若能如此不惟少欲易足亦進學之一助也吾嘗謂欲學道當以攻苦食淡爲先人生直得上壽亦無幾何况逡巡之間便乃隔世不以此時學道復性反本而區區惟事口腹豢養

此身可謂虛作一世人也食已無事經史文典謾讀一二篇皆有益于人勝別用心也與人交遊宜擇端雅之士若雜終必有悔且久而與之俱化終身欲為善士不可得矣談議勿深及他人是非相與意了知其為是為非而已棊奕雅戲猶曰無妨毋及婦人嬉笑無節敗人志意此最不可也既不自重必為有識所輕人而為人所輕無不自取之也汝等志之

庭戒　宋景文

祁字子京安陸人嘉祐從臣

吾世為儒今華吾體者衣冠也榮吾私者官祿也謹吾履者禮法也睿吾識者詩書也入以事親出以事君生以養死以葬莫非儒也由終日戴天不知天之高終日蹠地不知地之厚故天下蚩蚩終無謝生于其本者德大而不可見也吾沒後不得作道佛二家齋醮此吾生平所志若等不可違命作之違命作是死吾也是以吾為遂無知也孔子稱天下有至德要道之孝故自作經一篇以教後人必到于善謂曰至莫不切于事謂曰要

舉一孝百行罔不該焉故吾以此教若等凡孝于親則悌于長友于少慈于幼出于事君則為忠於朋友則為信於事為無不敬無不敬則庶幾成人矣若等兄弟十四人雖有異母者但古人謂四海之內皆兄弟也况同父均氣乎詩稱死喪之威兄弟孔懷不可不念也兄弟之不懷求合他人他人詎肯信哉縱陽合之彼應背憎也若等視吾事莒公莒公及吾云何可以為法矣大抵人不可以無學至于章奏牋記隨宜為之天分自有所

禀不可强也要得數百卷書在胸中則不為人所輕詒
矣

戒子通録卷六

宋　劉清之　撰

黄太史

庭堅字魯直豫章人元祐史官紹聖中作家戒付子相

庭堅自丱角讀書及有知識迄今四十年時態歷觀諦見潤屋封君巨姓豪右衣冠世族金珠滿堂不數年間復過之特見廢田不耕空困不給又數年復見之有縲紲于公庭者有荷擔而倦于行路者問之曰君家曩時蕃衍盛大何貧賤如是之速耶有應于予曰吾高祖起

自憂勤噍類數口叔兄慈惠弟姪恭順為人子者告其母曰無以小財為爭無以小事為讐使我兄叔之和也為人夫者告其妻曰無以猜忌為心無以有無為懷使我弟姪之和也于是共危而食共堂而燕共庫而泉共廩而粟寒而衣其幣同也出而遊其車同也下奉以義上謙以仁衆母如一母衆兒如一兒無爾我之辨無多寡之嫌無私貪之欲無横費之財倉箱共目而斂之金帛共力而收之故官私皆治富貴兩崇逮其子孫蓄息

妯娌衆多内言多忌人我意殊禮義消亡詩書罕聞人面狼心星分瓜剖處私室則色羞自食遇識者則強曰同宗父無争子而陷于不義夫無賢婦而陷于不仁所志者小而所失者大至于危坐孤立患害不相維持此其所以速于苦也庭堅聞而泣曰家之不齊遂至如是之甚可誌此以為吾族之鑑因為常語以勸焉吾子其聽否昔先猷以子弟喻芝之蘭玉幹生于階庭者欲其質之美也又謂之龍駒鴻鵠者欲其才之俊也質既美矣

光耀我族才既俊矣榮顯我家豈有偷取自安而忘家族之庇乎漢有兄弟焉將别也庭木為之枯將合也庭木為之榮則人心之所叶者神靈之所祐也晉有叔姪焉無間者為南阮之富好異者為北阮之貧則人意之所和者陰陽之所賛也大唐之間義族尤盛張氏九世同居至天子訪焉賜帛以為慶高氏七世不分朝廷嘉之以族閭為表李氏子孫百餘衆服食器用童僕無所異黄巢禄山大盗横行天下残滅人家獨不刼李氏云

不犯義門也此見孝慈之盛外侮所不能欺雖然皆古人陳迹而已吾子不可謂今世無其人德安王兵部義聚百年至五世諸母新寡弟姪謀析財而與之俾營别居諸母曰吾之子幼未有知識吾所倚賴猶子伯叔也不顧他業待吾子得訓經意知禮數足矣其後姪子官至兵部侍郎諸母授金冠章帔人皆曰諸母豈先知乎有助耶鄂之咸寧有陳子高者有腴田五千其兄田止一千子高愛其兄之賢願合户而同之人曰以五

千膏腴就貧兄不亦畀乎子高曰我一房爾何用五千人生飽暖之外骨肉交歡而已其後兄子登第仕至大中大夫舉家受蔭人始曰子高心地吉乃預知弟之榮也然此亦人之所易爲也吾子欲知其難者願悉以告昔鄧攸遭危厄之時負其子姪而逃之度不兩全則託子于人而寧抱其姪也李充在貧困之際昆季無資其妻求異遂棄其妻曰無傷我同胞之恩人之遺貧遇害尚能爲此況處富盛乎然此予聞見之遠者恐未可以

言人又當告以耳目之尤近者吾族居雙井四世矣未聞公家之追負私用之不給泉粟盈儲金朱繼榮大抵禮義之所積無分異之費也其後婦言是聽人心不堅無勝己之交信小人之黨骨肉不顧酒胾是從乃至苟營自私偷取目前之逸慾縱口體而忘遠大之計居湖坊者不二世而絕居東陽者不二世而貧其或天歟亦人之不幸歟吾子力道問學執書冊以見古人之遺訓觀時利害無待老夫之言矣於古人氣槩風味豈特髣

耶願以吾言數而告之吾族敦睦當自吾子起若夫子孫榮昌世繼無窮之美則吾言豈小補哉誌之曰家戒時紹聖元年八月日書

家庭談訓　梁況之壽元祐執政項城人

士人修性正在臨事時悦意之喜忿急之怒皆修性著力時惟忍以自勝使不失中和爲貴益之曰喜怒之言勿出諸口造次顛沛勿忘于恕又曰子弟沉默緩畏毋戲物妄笑遇物和而有容語言舉止務淹雅凝重喜怒

不形於色然後可以為佳士

唐子滂 字惠潤作孝義篇

人性苟有一孝則無所不包猶樹根一固而百枝生焉鷹隼羣飛鳳凰遠逝小人成列君子深藏聖人聞諫若味甘愚者聞諫若食荼君子不以昏行易操不以夜寐易容

皇考戒 柳開 字仲塗國初崇儀使其皇考治家孝且嚴旦望弟婦等拜堂下畢即上手低面聽戒云云退則惴惴不敢出一語為不孝事開輩賴之得全其家也 案宋史開大名人

作家戒千餘言

人之家兄弟無不義盡因娶婦入門異姓相聚爭長競短漸漬日聞偏愛私藏以至背戾分門割户患若賊讐皆汝婦人所作男子有剛腸者幾人能不為婦人言所役吾見多也若等寧見乎

示子詩　王禹偁字元之至道翰林學士觀種黍疏食二詩示子嘉祐業禹偁鉅野人

觀種黍云北鄰有閒園瓦礫雜荆杞未嘗勤耕牛但見

牧羣豕今夏赤旱天斷琢誰家子播種甚莽鹵苗稼安

能起秋來連月雨柴門晝不起新晴一携杖出户聊徙

倚重到田中立黍稷何䕀䕀吐穗欲及肩鳥雀亦深喜

力穡乃有秋斯言不虛矣向使嬾種植荒榛殊未已有

書閒不讀爲學還如此　蔬食云吾爲士大夫汝爲隸

子弟身未列冠裳庶人亦何異無故不食珍禮文明所

記况非膏粱家左宦乏資費商山水復旱穀價方騰貴

更恐到前春藜藿亦不繼吾聞柳公綽近代居貴位每

逢水旱年所食唯一器豐稔即加籩列鼎又何媿且吾官冗散適為時所棄汝家本寒賤自昔無生計菜茹各須甘努力度凶歲

張太史耒字文潛宛邱人元祐史官序云北鄰賣餅兒每五鼓未旦即遶街呼賣雖大寒烈風不廢而時刻不少差也有所警示鉅

城頭月落霜如雪樓頭五更聲欲絶捧盤出户歌一聲市樓東西人未行北風吹衣射我餅不憂衣單憂餅冷業無高卑志當堅男兒有求安得閒

戒子孫　賈文元昌朝字子明真定人慶歷宰相

今誨汝等居家孝事君忠與人謙和臨下慈愛衆中語涉朝政得失人事短長慎勿容易開口仕官之法清廉爲最聽訟務在詳審用法必求寬恕追呼決訊不可不慎吾少時見里巷中有一子弟被官司呼名證人詈語其家父母妻子見吏持牒至門涕泗不食至暮放還乃已是知當官涖事凡小小追訊猶使人恐懼若此況刑戮所加一有濫謬傷和氣損陰德莫甚焉傳曰上失其

道民散久矣如得其情則哀矜而勿喜此聖人深訓當書紳而志之　吾見近世以苛刻為才以奉公守法為不才以激訐為能以寡辭慎重為不能遂使後生輩當官治事必尚苛暴開口發言必高詆訾市怨賈禍莫大于此用是得進者則有之矣能善終其身慶及其後者未之聞也　復有喜怒愛惡專任己意愛之者變黑為白又欲置之于青雲惡之者以是為非又欲擠之于溝壑遂使小人奔走結附避毀就譽或為朋援或為鷹犬

苟得禄利略無媿恥吁可駭哉吾願汝等不廁其間又見時人肆胷臆事頰舌舉止軒昂出繩檢之外而觀其行實往往無取大抵古人重厚樸直乃能立功立事享悠久之福其以軒昂而得者累過積非即成禍敗是以君子居不欺乎暗室出不踐乎邪徑外訥于言而内敏于行然後身立而名著矣　又見好奢侈者服玩必華飲食必珍非有高貲厚禄則必巧為計畫規取貨利勉稱其所欲一旦以貪污獲罪取終身之恥其可捄哉

又見士人之家叔姪昆弟苟有過失不務交相規正于內而乃互為謗毀于外詳究其因止于爭官職競貨財而已夫以榮利之薄而亡親戚之厚茲名教罪人也且士人所貴節行為大軒冕失之有時而復來節行失之終身不可得矣戒之謹之吾暇日未嘗不以經籍道義教誨汝等冀免斯咎吾年六十二諸子若孫凡二十餘人矣不覬汝等紹吾爵位但能守素業使門戶不辱吾之幸也

戒子弟　黃太史　按此條亦係庭堅語似當附在前家戒之後

吉蠲筆墨如澡身浴德揩拭几研如改過遷善敗筆涴墨瘝子弟職書几書研自黥其面惟弟惟子臨深戰戰

闞滄　字聖功錢塘人政和中書壁以戒其子弟呂居仁稱之

樂道人之善惡稱人之惡

范文正　仲淹字希文蘇州人慶歷參知政事告諸子于是恩例俸賜常均於人并置義田宅云

吾貧時與汝母養吾親汝母躬執爨而吾親甘旨未嘗充也今而得厚祿欲以養親親不在矣汝母已早世吾

所最恨者忍令若曹享富貴之樂也　吳中宗族甚衆于吾固有親疎然以吾祖宗視之則均是子孫固無親踈也苟祖宗之意無親踈則飢寒者吾安得不卹也自祖宗來積德百餘年而始發于吾得至大官若獨享富貴而不卹宗族異日何以見祖宗于地下今何顔以入家廟乎　京師交遊慎于高議不同常言之地（按文集作不同嘗言之地）責　且溫習文字（時聞名試）清心潔行以自樹立平生之稱當見大節不必竊論曲直取小名招大悔矣（與直講三哥）

京師少往還凡見利處便須思患老夫屢經風波惟能忍窮故得免禍按文集此條與宅眷賢弟書

大參到任必受知也惟勤學奉公勿憂前路慎勿作書求人薦拔但自充實為妙按文集此條與習賢學士書惟慎勿作書云云集作慎無好書扎有文性勿小其志也

將就大對誠吾道之風采宜謙下兢畏以副士望與賢良

青春何苦多病豈不以攝生為意耶門才起立宗族未受賜有文學稱亦未為國家用豈肯徇常人之情輕其身汩其志哉與提點　按以上二條今本文集尺牘中未載

賢弟請寬心將

息雖清貧但身安為重家間苦淡士之常也省去冗口可矣請多著工夫看道書見壽而康者問其所以則有所得矣 按文集此條書中亦但稱賢弟

汝守官處小心不得欺事與同官和睦多禮有事只與同官議莫與公人商量莫縱鄉親來部下興販自家且一向清心做官莫營私利汝看老叔自來如何還曾營私否自家好家門各為好事以光祖宗 按文集此條與監簿書

戒子弟言 范忠宣 純仁字堯夫蘇州人建中靖國丞相

人雖至愚責人則明雖有聰明恕己則昏爾但常以責人之心責己恕己之心恕人不患不到聖賢地位也

鄒忠公 浩字志完常州人元符諫臣子柄冠為此文其略云

合抱之木生于毫末之細九層之臺起于累土之卑汝其尊六經以為本博羣籍以為枝可取者友可奉者師孝弟忠順之端篤誠充擴而弗移俾人曰幸哉有子如此豈可不自於斯時乎汝其勉之汝其勉之

胡文定 安國字康侯建安人紹興從臣與子寅書今略取十二事

上殿劄子推得元意廣大得敷奏之體更趨簡約為妙

詞命貴無長語紀作用貫處　密進人才所補者大

契舊之間固無彼此然必每事盡誠告之使善出于彼

吾無與焉則為善矣　誠實無私曲說得來自別聽者

亦須感動　出身事主不以家事辭王事為人臣無以

有已吾說如此更以大義裁斷之　臣之事君猶子之

事父以忠信為本　公事私事一切苦參着意經理須

以誠意說與屬官須要知此著意經營　公使庫待賓

並以五盞為率自足展盡情意禁姦吏必止其邪心不徒革面為政必以風化德禮為先風化必以至誠為本民訟既簡每日可著一時工夫詳與理會因訓道之使趨于善且以風動左右不無益也　立志以明道希文自期待立心以忠信不欺為主本行己以端莊清慎見操執臨事以明敏果斷辨是非又謹三尺考求立法之意而操縱之斯可為政不在人後矣汝勉之哉治心修身以飲食男女為切要從古聖賢自這裏做工夫其可

忽乎　君實見趣本不甚高為他廣讀書史苦學篤信清儉之事而謹守之人十已百至老不倦故得志而行亦做七分以上人若李文靖澹然無欲王沂公儼然不動資禀既如此又濟之以學故是八九分地位也後人皆不能及並可師法　汝在郡當一日勤如一日深求所以牧民共理之意勉思其未至不可忽也若不事事別有覬望聲績一塌丁更整頓不得宜深自警省思遠大之業

送終禮　高司業

閎字抑崇明州人紹興從臣作送終禮三十二篇此篇戒子

吾家他日如營居室必先家廟其餘堂寢之制僅可以敘族合宗吾百歲之後惟嫡子孫相繼居之衆子別營居焉蓋嫡庶之禮明而人自知分矣古者父子異宮兄弟異居但同財耳故喪服傳曰昆弟之義無分然而有分者則避子之私也子不私其父則不成為子故有東宮有西宮有南宮有北宮異居而同財有餘則歸之宗不足則資之宗今人不知古人異居之意而乃分析其

居更異財焉不亦誤乎且析居之法但取均平以止爭端而無嫡庶之辨此作律者之失也夫喪不慮居為無廟也若兄弟探籌以析居則廟無定主矣而律復有婦承夫分女承父分之條萬一婦人探籌而得之則家廟遂無主祀也而可乎惟我子孫其尊吾家法庶幾他日漸復宗子之禮不待譜牒而人各知其本支所自如好禮者亦效吾家而行之雖措之天下可也

教子語　家頤字養正眉山人凡有十章

人生至樂莫如讀書至要無如教子　父子之間不可溺于小慈自小律之以威繩之以禮則長無不肖之悔

教子有五道其性廣其志養其才鼓其氣攻其病廢一不可　養子弟如養芝蘭既積學以培植之又積善以滋潤之　人家子弟惟可使覩德不可使覩利　富者之教子須是重道貧者之教子須是守節　子弟之賢不肖係諸人其貧富貴賤係之天世人不憂其在人者而憂其在天者豈非誤耶　士之所行不涸流俗一

以抗節于時一以詒訓于後 士人家切勤教子弟勿令詩書味短 孟子以惰其四支為一不孝為人子孫游惰而不知學安得不愧

示子辭 何耕 字道夫蜀之廣漢人終祕書少監號恬庵

學業在我富貴在時在我者不可不勉在時者靜以俟之疏瀹乎六藝之源游泳乎諸史之涯泛窺于百家之說而旁獵于前輩大老之文辭廣聞見于益友質是非于名師以文采論議為華以孝友謙慈為基識欲遠而

不欲近志欲高而不欲卑若是則其達也必能卓然有立以示百僚之準式其窮也亦將介然自重以爲一鄉之表儀茍爲不然是林林而生泯泯而死者耳尚何以名男子爲哉

童蒙訓　呂舍人　本中字居仁東萊人紹興從臣訓其子姪今略取之　案本中宰相許國公弟簡之元孫申國公謚正獻公著之曾孫滎陽公希哲之孫東萊郡侯好問之子

本中往年每侍前輩先生長者論當世邪正善惡是是非非無不精盡至于前輩行事得失文字工拙後生敢

略議及之者必作色痛裁折之曰先儒得失前輩是非宣後生所知楊十七學士應之兄弟晁丈以道持此規矩最嚴故凡後生嘗覩近此諸老者皆有敦厚之風無浮薄之過　前輩士大夫專以風節為已任其于褒貶取予甚嚴故其所立寔有過人者夏侯旄節夫京師人年長本中以倍本中猶及與之交崇寧初任諸州教授學制既頒即日尋醫去後任西京幕官罷任當改官以舉將一人安惇也不肯用卒不改官浮湛京師至死不

屈唐丈名恕字處厚崇寧初任荊南知縣新法既行即致仕不出者幾三十年范正平子夷忠宣公之子忠宣當國子夷是時官當入遠不肯用父恩例卒授遠地皆卓然自立不媿古人矣　東萊公嘗言凡衆人日夕所說之話如趙丈分長諸公都無此話也衆人所作之事如楊公應之李公君行諸公都不做衆人做底事也

唐充之廣仁每稱前輩說後生聞人密論不能容受而輕泄之者不足以為人　李公公擇每令子婦諸女侍

側為説孟子大義滎陽公嘗言後生初學且須理會氣象氣象好時百事自當氣象者辭令容止輕重疾徐足以見之矣不惟君子小人於此焉分亦貴賤壽夭之所由定也　紹聖初滎陽公罷經筵舍于京城外華嚴寺俟命者月餘陳無己師道晁伯宇載之唐季實之問皆就見公公為公留月餘執事左右如親子弟晨夕皆揖于寢門之外後人能如此尊事前輩蓋少矣　崇寧初滎陽公謫居符離趙丈仲長演公之長壻也時時自汝陰

來省公公子外弟楊公瓌賓亦以上書謫監符離酒稅楊公事公如親兄趙丈事公如嚴父兩人日久在公側公疾病趙丈執藥床下屏氣問疾未嘗不移時也公命之去然後去楊公慷慨獨立於當世未當少屈趙丈謹厚篤實動法古人兩人皆一時之英也　饒德操節槩介然確汪信民革時皆在符離每疾病少間則必來見公而退從楊公趙丈及公子孫遊焉亦一時之盛也趙丈每與公子弟及外賓客語及作書帖之類但稱榮

陽公曰公其尊之如此楊公與他人語稱滎陽公但曰内兄或曰侍講未嘗敢字稱也葢滎陽公中表惟楊氏兄弟盡事親長之道可為後生之法　滎陽公為郡處令公帑多畜鰒魚諸乾物及筍乾蕈乾以待賓客以䟽鷄鴨等生命也　李君行先生年二十餘時見安退處士劉師正解春秋甚愛之後於楚州聚學劉問何故留此君行曰吾父母戒我令不登科勿歸我以朞喪不得就試故留此聚徒以待後舉劉曰不然難得而易失者事

親之日也豈可以爵禄故久去親側如此君行聞之即徑歸侍

外高祖侍郎晉陽王公諱子融嘗編京師世家家法善者以遺子孫録出之以自警戒亦樂取諸人以為善之義也

京師曹氏諸貴族畢幼不見尊長三日必拜

劉器之論當時人物多云弱實中世人之病大抵承平之久人皆偷安畏死避事因循苟且而致然耳紹聖崇寧間諸公遷貶相繼然往往能自處不甚介意龔彦和夬貶化州徒步徑往以扇乞錢不以為難也

張才叔庭堅貶象州所居屋才一架椽上漏下濕屋中間以箔隔之家人處箔內才叔躡屐端坐于箔下日看佛書了無厭色凡此諸公皆平昔絕無富貴念故遇事自然如此使世念不忘富貴之心尚在遇事艱難縱欲堅忍亦必有不懌之容勉强之色矣鄒志完侍郎嘗稱才叔云是天地間和氣薰蒸所成欲往相近先覺和氣襲人也滎陽公嘗榜文中子數語於家中壁上云子之室酒不絕注云用有節禮不闕也　范子夷嘗言其家

學不卑小官居一官便思盡心治一官之事只此便是學聖人也若以為州縣之職徒勞人爾非所以學聖人也　子夷說其祖作外任官時京中人書言居京慎勿竊論曲直不同任言官時取小名受大禍因言吾徒相見正當論行己立身之事耳　又說仲尼聖人也才作陪臣顏子大賢也簞食瓢飲後之不及孔子顏子遠矣而常歎仕官不達何愚之甚若能以自己官爵比孔顏僥倖之甚矣　又說凡人為事須是由衷方可若矯飾

為之恐不免有變時任誠而已雖時有失亦不覆藏使人不知但能改之而已　陳瑩中說立人之朝能捨生取義始可然此事須是學問有功方始做得從容又說學者非特習於誦數發於文章而已將以學古人之所為也自荆公字學興此道壞矣　又說凡欲解經必先反諸其身又思措之天下反諸其身而安措之天下而可行然後為之之說焉縱未能盡聖人之心亦庶幾矣若不如是雖辭辯通暢亦未免乎鑿也今有語人曰冬日

飲水夏日飲湯何也冬日陰在外陽在內陽在內則內熱故令人思水夏日陽在外陰在內陰在內則內寒故令人思湯雖甚辯者不能破其說也然反諸其身而不安也措之天下而不可行也嗚呼學者能如是用心豈曰小補之哉　滎陽公言吾幼學之年侍親于東潁時邪人王回深甫常秩夢臣皆為先公所重常先生深居靜默罕與人交召之多不至王先生每與先公及歐陽公侍讀劉公原父朝夕講論故有聚星之說焉　滎陽

公言焦伯强先生嘗言莊敬日强安肆日偷故君子當自强不息以之容貌禮際其接人也不敢不敬不敢少懈也况君親乎况長上乎况賢於我者乎茍不能自强則怠惰之心入矣非惟失義也禍且及焉　滎陽公元祐末嘗與子弟書云予生五十二歲矣欲極富貴之樂事窮山水之勝遊豈惟心力已有所不逮於殘年勉自鋪排亦不能矣若汲汲為善則亦未晚要無虚日云爾

滎陽公嘗言伯祖行父嘗題於壁云但畏賢者之議

論不顧小節之是非　治平中李公公擇數為朋友言吕蔡州未嘗聞其疾聲見其遽色亦未嘗草書學者當師慕之吕蔡州為正獻公也　正獻公簡重清静出於天性冬月不附火夏月不用扇聲色華耀視之膜然也范公淳夫寛公之壻性醇似公後滎陽公長壻趙丈仲長嚴重有法亦寛似公焉　正獻公教子既有法而申國魯夫人簡肅公諱宗道之女閨門之内舉動皆有法則滎陽公年十歲夫人命對正獻公則不得坐命之坐

不問不得對諸子出入不得入酒肆茶坊每諸婦侍立諸女少者則從婦傍　正獻公年三十餘通判潁州已有重名范文正公以資政殿學士知青州過潁來復謁公呼公謂之曰太博近朱者赤近墨者黑歐陽永叔在此太博宜頻近筆研申國夫人在廳事後聞其言嘗語以教滎陽公焉前輩規勸懇切出於至誠類如此　滎陽公張夫人侍制諱昷之女也自少每事有法亦魯肅簡公外孫也張公性嚴毅不屈全賴肅簡肅簡深愛之

家事一委張公夫人張公幼女最鍾愛然居常至微細事教之必有法度如飲食之類飯羹許更益魚肉不更進也時張公已為待制河北都轉運使矣及夫人嫁呂氏夫人之母申國夫人姊也一日來視女見舍後有鍋釜之類大不樂謂申國夫人曰豈可使小兒輩私作飲食壞家法耶　叔父舜從既與東萊公從當世賢士大夫遊常訓子弟曰某幸得從賢士大夫遊然過相推重某自省所為才免禽獸之行而已未能便合人之理也

何得士大夫相過與也因思前輩自警修省如此正獻公交游甚不能盡知之其顯者范蜀公司馬溫公王荆公劉侍讀原甫也滎陽交游則二程二南孫莘老李公擇王正仲顧子敦楊應之范淳夫也東萊公交游則李君行田明之田誠伯吳坦求陳端誠田誠君陳瑩中張才叔龔彥和及其弟之任也　近世故家惟晁氏因以道申戒子弟皆有法度羣居相呼外姓尊必曰某姓第幾叔若兄諸姑尊姑之夫必曰某姓姑夫某姓尊姑夫

未嘗敢呼字也其言父黨交游必曰某姓幾丈亦未嘗敢呼字也當時故家舊族皆不能若是　陳瑩中與關止叔沼與滎陽公書問其言前輩與公之交遊必平闕書云某公某官如稱器之則曰待制劉公之類其與己同等則必斥姓名示不敢尊也如游酢謝良佐云此皆可以為後生法　後生學問且須理會曲禮少儀禮儀等學洒掃應對進退之事及先理會爾雅訓詁等文字然後可以語上下學而上達自此脫然有得自然度越

諸子也不如此則是躐等犯公陵節終不能成孰先傳焉孰後倦焉不可不察也　李君行先生自虔州入京至泗州止其子弟請先往君行問其故曰科場近欲先至京師貫開封户籍取應君行不許曰汝虔州人而貫開封户籍欲求事君顧先欺君可乎寧遲緩數年不可行也　正獻公幼時未嘗博戲人或問其故公曰取之傷廉與之傷義　滎陽公嘗言少時與叔祖同見歐陽文忠公至客次與叔祖商議見歐陽公叙契分求納拜

之語及見歐陽既叙契公即端立受敬如當子姪之禮公退而謂叔祖曰觀歐陽公禮數知吾輩不及前輩遠矣　本中嘗問滎陽公曰兄弟之生相去或數日或數十日其為尊卑也微矣而聖人直如是分别長幼何也公曰不特聖人直是重先後之序如天之四時分毫頃刻皆有次序此是物理自然不可易也　古人自奉簡約類非後人所能及如飲食高下固自有制度諸侯無故不殺牛大夫無故不殺羊士無故不殺犬豕此猶是

極盛時制度也大抵古人得食肉者至少如食肉之禄水皆與焉肉食者謀之肉食者無墨此言貴者方得肉食也莊子九方歅相子祺之子則而鬻之於齊適當渠公之街然身食肉而終相班超者曰虎頭燕頷食肉相也以此知古人以食肉為貴食肉為難得比似後人簡約甚矣

薰陶漸染之功與講究持論互相發明者也要之薰陶之益過於講究知此理者方可以語學矣

今日記一事明日記一事久則自然貫穿今日辨一理

明日辨一理久則自然浹洽今日行一難事明日行一難事久則自然堅固渙然水釋怡然理順久自得之非偶然也　學問工夫全在浹洽涵養蘊蓄之久左右采擇一旦氷釋理順自然逢源矣非如世人强襲取之揠苗助長苦心極力卒無所得也　前輩常教少年毋輕議人毋輕説事惟退而自修可也學記曰幼者聽而勿問皆使人自修不敢輕發養成德器也鄢陵之戰范匄趨進曰塞井夷竈陳于軍中而疏行首晉楚惟天所授

何患焉文子執戈逐之曰國之存亡天也童子何知焉鄭侵蔡有功鄭人皆喜唯子産不順曰小國無文德而有武功禍莫大焉楚人來討能勿從乎從之晉師必至晉楚伐鄭自今鄭國不四五年勿得寧矣子國怒之曰爾何知國有大命而有正卿童子言焉將為戮矣范宣子曰子産之言皆切論也而文子子國深抑之如此者正恐後生輕發未成德器而先招禍敗卒無以立也故此兩人後來所立如此之遠良由老成教之有素中有所

主也　前輩嘗說後生才性過人者不足畏惟讀書尋思推究者為可畏耳又云讀書只怕尋思蓋義理精深惟尋思用意為可以通之鹵莽厭煩者決無有成之理論語溫故而知新先儒以為溫尋也尋繹故者又知新者學而不思則罔先儒以為學不尋思其義則罔然無所得尋繹尋思就先儒分上所得已多況真能尋繹尋思者乎　君子氣象難遽形容惟平易安和者為近之書曰其心休休焉其如有容此近君子氣象也所為休

休者平易安和無急躁很戾貪冒之意也范宣子讓其下皆讓傳稱之曰一人刑善百姓休和鄭未服晉知武子曰若能休和遠人將至休和二字最是無急躁忿戾貪冒處故古人數稱之亦勿論也　朝廷有伉直之風然後臨難有死節之士五代之際能以端謹厚重不忌嫉人不為中傷不為傾陷已是極至若責仗節死難則猶闕焉曹彬在朝忠厚寬和足師表一世然史家稱其未嘗抗辭忤旨此乃為大臣功名之極勢須如此然未

可以爲事君之法五代之際所以無死節之士良由以此爲是事君之法當如宋璟顔真卿蕭復乃是極至若人主必欲有益於國則當何用亦曰當用伉直之士緩急有益於己者爾不然累千人緩急之際各自爲計亦何用哉然則伉直之風亦在人主奬進之爾此是爲國者切己利害也唐太宗固知之矣　勢位使人往往不能自知如氣血之盛詞色舉動悉與常人不同而亦不自知也醉酒者天地易位服藥者喜怒不定酒消藥散

則復如常君子思所以自養不可不察也　滎陽公嘗問邵康節先生亦讀佛書否康節曰人病舍其田而芸人之田　汪信民常言人常咬得菜根則百事可做胡安國康侯聞之擊節歎賞　滎陽公在京師舊第時諸位子姪常名來自教之書使日有程課　晁以道自言少時每自嫌以門蔭得官以為不由進士仕進者如流外雜色非真是作官也後既登第始與李六丈德叟游德叟薄進士得官却如某以前薄門蔭時也自此始知

登科不足為美其後遍親師友粗有立者皆出李六丈德叟激發所致德叟名秉彝公擇弟子商老之父也

晁以道篤於親戚故舊有牽聯之親一日之雅皆委曲敦敘後生闡而化者甚衆以道盛文肅家外甥洪炎玉父祖母文城君亦盛氏甥以道於玉父為尊行一日同會京師玉父未及見以道邂逅僧寺中玉父謂以道曰公丈行也前此未得一見以道遽折之曰某自是公表叔何丈行之有玉父再三謝之曰是表叔但某未曾敢

叙致耳以此知游學之士須經中原先達鈐椎方能有成也

呂進伯為河北運判黄魯直為北京教官託魯直為請門客數日斥去之召魯直謂曰此人豈可為人師其至學院却見與小子對坐如此豈可為人師請魯直別請一門客魯直為之遴選且嚴戒之曰呂運判行古禮賢且加慎既數日又逐去魯直問所以進伯曰此人尤甚却閧呼小子字豈可為人師耶

呂汲公家法至嚴進伯汲公兄也汲公夫人每見進伯必拜於庭下

汲公既相進伯往見之夫人令兩獲扶下階而拜進伯不樂曰宰相夫人尊重不必拜汲公甚懼遽令兩獲勿扶夫人

劉羲仲壯輿云尋常人各有自然輩行不以年齒貴賤如劉原父與申公便自是兄弟行貢父便是父子行也

當官之法唯有三事曰清曰慎曰勤知此三者則知所以持身矣知此三者可以保禄位可以遠恥辱可以得上之知可以得下之援然世之仕者臨財當事不能自克常自以爲不必敗持不必敗之意則無

所不為矣然事常至放敗而不能自已故設心處事戒之在初不可不察借使用權智百端補治幸而得免所損已多不若初不為之為愈也司馬子微坐忘論云與其巧持於末孰若拙戒於初此天下之要言處當官之大法用力簡而見功多無如此言者人能思之豈復有悔吝耶

事君如事親事官長如事兄與同僚如家人待羣吏如奴僕愛百姓如妻子處官事如家事然後為能盡吾之心如有毫末不至皆吾心有所未盡也故

事親孝故忠可移于君居家理故治可移於官豈有二理哉

當官處事常思有以及人如科率之行既不能免便就其間求所以使民省力不使重為民害其益多矣

不與人爭者常得利多退一步者常進百步取之廉者得之常過其初約于今者必有垂報于後不可不思也惟不能少自忍者必敗此實未知利害之分賢愚之别也

予常為泰州獄掾頗歧夷仲以書勸予治獄次第每一事寫一幅如夏月取罪人早間在西廊晚間在

東廊按西廊東廊當互易始與避日色合以避日色之類又如獄中遣人勾追之類必使之畢此事不可更别遣人恐其受賄已足不肯畢事也又如監司郡守嚴刻過當者須平心定氣與之委曲詳盡使之相從而後已如未肯從再當如此詳之其不聽者少矣　當官之法直道爲先其有未可一向直前或直前反敗大事者須用馮宣徽所稱惠穆秤停之說此非特小官然也爲天下國家當知之

黄兑剛中嘗爲予言頃爲縣尉每遇驗尸雖盛暑亦先

飲少酒捉鼻親視人命至重不可少避臭穢使人横死無所申訴也　范侍郎育作庫務官隨行箱籠只置廳事上以防疑謗凡若此類皆守官所宜詳知也　當官者難事勿辭而深避嫌疑以至誠遇人而深避文法如此則可以免前輩常言小人之性專務苟且明日有事今日得休且休當官者不可徇其私意忽而不治諺有之曰勞心不如勞力此寔要言也　當官既自廉潔又關防小人如文字歷引之類皆須明白以防中傷不可

不至慎不可不詳知也　徐丞相擇之常言前輩盡心職事仁廟朝有爲京西轉運使者一日見監窰官問日所燒柴凡幾竈曰十八九竈吾所見者十一竈何也窰官愕然蓋轉運使者晨起望竈中所出烟凡幾道知之其盡心如此　前輩常言吏人不怕嚴只怕讀蓋當官者詳讀公案則眞僞自見不待嚴明也　當官者凡異色人皆不宜與之相接巫祝尼媪之類尤宜疎絶要以清心省事爲本　後生少年乍到官守多爲猾吏所餌

不自省察所得毫末而一任之間不復敢舉動大抵作官嗜利得甚少而吏人所盜不貲矣以此被重譴良可惜也

當官者先以暴怒為戒事有不可當詳處之必無不中若先暴怒只能自害豈能害人前輩常言凡事只怕待待者詳處之謂也蓋詳處之則思慮自出人不能中傷也

嘗見前輩作州縣或獄官每一公事難決者必沉思靜慮累日忽然若有所得者則是非判矣是道也唯不苟者能之處事者不以聰明為先而以盡心

為急不以集事為急而以方便為上　孫思邈嘗言憂於身者不拘於人畏於己者不利於彼慎於小者不懼於大戒於近者不侈於遠如此則人事庶幾畢矣實當官之要也　同僚之契交承之分有兄弟之義至其子孫亦世講之前輩專以此為務今人知之者蓋亦少矣又如舊舉將及舊嘗為舊任按察官者後已官雖在上前輩皆辭避坐下坐風俗如此安得不厚乎　叔曾祖尚書當官至為廉潔蓋嘗市縑帛欲製造衣服召當行

者取縑帛使縫匠就坐裁取之并還所直錢與所剩帛就坐中還之滎陽公為單州凡每月所用雜物悉書之庫門買於民間未嘗過此數民皆悅服　闗洛止叔獲盜法當改官曰不以人命易官終不就賞可謂清矣然恐非通道或當時所獲盜有情輕法重者止叔不忍以此被賞也　當官取傭錢般家錢之類多為人程而過受其直所得至微所失多矣亦殊不知此數亦吾分外物也　當官者前輩多不敢就上位求薦章但盡心職

事所以求知也　心誠求之雖不中不遠矣未有學養子而後嫁者也當官遇事或有難決以此為心鮮不濟矣　畏避文法固是常情然世人自私者常以文法難委之於人殊不知人之自私亦猶己之自利也以此處事其能有濟乎其能有後福乎其能使子孫昌盛乎

當官處事務合人情忠恕違道不遠觀於己而得之未有舍此忠恕二字而能有濟者也嘗有人作郡守延一術士同處書室後術士以公事干之大怒叱下竟致之

理杖背編置掐延此人已是犯義既與之稔熟而干以公事亦人之常情也不從之足矣而治之如此之峻殆似絶滅人理　嘗謂仁人所處能變虎狼如人類如虎不入境不害物蝗不傷稼之類是也如其不然則變人類爲虎狼凡若此類乃告訐中傷謗人欲置其死地是也

唐充之廣仁賢者也深爲陳鄒二公所知大觀政和間守臣蘇州朱氏方盛充之數刺譏之朱氏深以爲怨傳致之罪劉器之以爲充之爲善欲人之見知故不

免自異以致禍患非明哲保身之謂　當官大要直不犯禍和不犯義在人消詳斟酌之爾然求合於道理本非私心專為己也　當官處事但務著實如塗擦文書追改日月重易押字萬一敗露得罪反重亦非所以養誠心事君不欺之道也百種奸偽不如一實反覆變詐不如慎始防人疑衆不如自慎知數周密不如省事不易之道事有當死不死其詬有甚於死者後亦未必免死當去不去其禍有甚於去者後亦未必得安世人至

此多惑亂失常皆不知輕重義命之分也此理非平居熟講臨事必不能自立不可不預思古之欲委質事人其父兄日夜先以此教之矣中材以下豈臨事一朝一夕所能至哉教之有素其心安焉所謂有所養也　忍之一事衆妙之門當官處事尤是先務若能清慎勤之外更行一事何事不辦書曰必有忍其乃有濟此處事之本也諺有之曰忍事敵災星少陵詩云忍過事堪喜此皆切於事理為世大法非空言也王沂公常說喫得

三斗釅醋方做得宰相蓋言忍受得事也　劉器之建中崇寧初知潞州部使者觀望治郡中事無巨細皆詳考然竟不得毫髮過雖過往驛券亦無違法予者部使者亦歎服之後居京南有府尹取兵官日直歷點磨他寓居無有不借禁軍者獨器之未嘗借一人其廉慎如

戒子通録卷七

宋 劉清之 撰

辯志録 吕太史 祖謙字伯恭東萊人淳熙著作郎集録辯志以訓子延孫弟祖儉祖烈等 按此條原本在母訓女戒之後今移於前

幼學之士先要分别人品之上下何者是聖賢所為之事何者是下愚所為之事向善背惡去彼取此此幼學所當先也顔子孟子亞聖人也學之雖未至亦可以為賢人今之學者若能知此則顔孟之事我亦可為言溫

而氣和則顏子之不遷漸可學矣過而能悔又不憚改則顏子之不貳漸可學矣知埋鬻之戲不如俎豆念慈母之愛始於三遷自幼至老不厭不改終始一意則我之不動心亦可以如孟子矣若夫立志不高則其學皆常人之事語及顏孟則不敢當也其心曰我為孩童豈敢學顏孟哉此人不可以語上矣先生長者見其卑下豈肯與之語則其所與語者皆下等人也言不忠信下等人也行不篤敬下等人也過而不知悔下等人也悔

而不知改下等人也聞下等之語為下等之事譬如坐於房舍之中四面皆牆壁也雖欲開明不可得矣書曰不學牆面孔子曰其猶正牆面而立也歟言人不可以不學也揚子曰吾焉開明哉言學聖賢然後心開而意明也 陳瑩中

大要前輩作事多周詳後輩作事多闊略 酬酢事變下同

字者朋友之職嘗見前輩先進不呼後進字後進固不敢呼先進也氣類不同者亦不相呼三四十年來先進始有字後進者又觀前輩凡父行父執受拜

不跪　江南閭里士大夫或不學問羞為鄙朴道聽塗説强事飾辭呼徵質為周鄭謂霍亂為博陸上荆州必稱峽西下揚都要云海郡言食則餬口道錢則孔方問移則楚丘論昏則燕爾及王則無不仲宣語劉則無不公幹凡有一二百件轉相祖述尋問莫知源由文翰時復失所顏氏家訓

思雖分明此四字非有道者之言也無好人三字非有德者之言也後生戒之酬酢事變

司馬温公幼時患記問不若人羣居講習衆兄弟既成誦游

息矣獨下帷絶編追能背諷乃止用力多者其所精誦乃終身不忘矣　李翺寄從弟正辭書知爾京兆府取觧不得如其所懷念勿在意借如用汝之所知分為十焉用其九學聖人之道而和其心使有餘以與時世進退俯仰如可求也則不啻富且貴矣如非吾力也雖盡用其十秪益勞其心矣安能有所得乎文集　王罷性儉率嘗有臺使至罷為設食使乃裂去薄餅緣罷曰耕種穫其功已深舂爨造成用力不少爾之選擇當是未餓

命左右徹去之使者愕然大慚北史　春秋以後先王之澤漸遠然善言相傳猶有存者學者得其言猶可詳思而致力也如伍子胥為人剛戾忍詬能成大事趙襄子言君所以置無恤為能忍詬也莊子稱伊尹強力忍詬亦是舍人雜録　迂叟曰世之人不以耳視而目食者鮮矣聞者駭曰何謂也曰衣冠所以為容望也稱禮斯美矣世人捨其所稱聞人所尚而慕之豈非以耳視者乎飲食之物所以為味適口斯善也世人取果餌而刻鏤之

朱緑之以為盤案之玩豈非以目食者乎司馬集

吳庠妻謝氏予賀與賓客言及人之長短夫人屏間竊聞之怒笞賀百或觧夫人曰臧否士之常忽笞之若是夫人曰愛其女者必取三復白圭之士而妻之今獨産一子使知義命而出語忘親豈可久之道哉因涕泣不食賀由是恐懼謹默

發人私書拆人信物深為不德甚者遂至結為仇怨余得人所附書物雖至親卑幼者未嘗輒留必為附至及人託於某處問訊干求若事非順理

而已之力不及者則可至誠面却之若已諾之矣則必須達所欲言至於聽與不聽則在其人凡與賓客對坐及往人家見人得親戚書切不可往觀及注目偷視若屈膝並坐目力可及則斂身而退候其收書方復進以續前話若其人置書几上亦不可取觀須俟其人云足下可觀方可一看若書中說事無大小以至戲謔之語皆不可於他處復說　凡入人家切不可於几案上及書攀等内飜看人家書簡及記事策子錢穀文歴若人

將文字令看切不可於背後觀皆無德之一端也　凡借人書冊器用苟得已者則不須借若不獲已則須愛護過於己物看用才畢即便歸還切不可以借為名意在沒納及不加愛惜至有損壞大率豪氣者於己物多不顧惜借人物豈可亦如此此非用豪氣之所乃無德之一端也　又飲食蒸餅去皮饅頭去蔕肉去脂皮之類皆非成人所為乃癡騃無知而已自非生硬臭惡與犯己宿疾之物豈有不可食之理　凡與人同坐夏則

已擇涼處冬則已擇暖處及與人共食多取先取皆無德之一端也（范益謙自戒）

吕正獻公會諸壻於東園時韓師朴王正國新登第皆惠穆壻也中休隣園閑坐正國唱自作小詞甚多景純問師朴曰師朴莫亦有不正色曰豈有此事（家塾廣記）

讀書不輟甚書不讀了萬一都廢且自今重新勤下十分工夫不可因循隱忍甘心作庸人過一生也最是行義一事不可放過正心修身念念須學前輩久久之間自然相應矣（舍人書）

萬事真實有

命人力計較不得吾平生未嘗干人在書局亦不謁執政或勸之吾對曰他安能陶鑄我自有命在若信不及風吹草動便生恐懼憂喜枉做却閑工夫枉用却閑心力信得命及便養得氣不折挫上蔡語録

問某有一病且如作一簡便須安排言語寫教如法要人傳玩飯一客便要器皿飲饌如法教人感激推此每事皆然先生曰此夸心欲以勝人皆私也作簡請客如法是合做底只下面一句便是病根此病根因甚有只為不合有已

得人道好於我何加因說孟子說宮室之美妻妾之奉所識窮乏者得我舉皆是有箇夸心又問更有一病稱好則溢美稱不好則溢惡此猶是好惡使然且如今日泥濘只是五寸須說一尺有利害猶且得無利害須要如此此病在甚處曰欲以意氣加人亦是夸心有人做作說話張筋努脉皆為有已同上

劉道原之子羲仲本佳近亦變壞揚子雲稱言心聲書心畫羲仲每有書來呼兒輩譯之數四有不能識者字小而闇弱亦其心術

之不明類此安世每於書畫之間得其人之大半元城語

李習之答朱載言書古之人相接有等輕重有儀列於經傳皆可詳引如師之於門人則名之於朋友則字而不名稱之於師則雖朋友亦名之子曰吾與回言又曰參乎吾道一以貫之又曰若由也不得其死然是師之於門人驗也夫子於鄭兄事子產於齊兄事晏嬰平仲傳曰子謂子產有君子之道四焉又曰晏平仲善與人交子夏曰言游過矣子張曰子夏云何曾子曰堂堂

乎張也是朋友字而不名驗也子貢曰賜也何敢望回又曰師與商也孰賢子游曰有澹臺滅明者行不由徑是稱於師雖朋友亦名驗也足下之書曰韋君詞楊君潛足下之德與二君未知先後也而足下齒幼而位卑而皆名之傳曰吾見其與先生並行非求益者也欲速成者也李文公集

劉器之嘗論至誠之道凡事據實而言才涉詐偽後來忘了前話便是脫空據實而言十年二十年後說事異同賢便不說劉安世元來是脫空漢元城

語

步騭與衛旌俱以種瓜自給會稽焦征羌郡之豪族人客放縱乃共修刺奉瓜以獻征羌方在内卧駐之移時旌欲委去騭止之曰本所以來畏其強也而今舍去欲以為高祇結怨耳良久征羌開牖見之身隱几坐帳中設席置地坐騭旌於牖外旌愈耻之騭辭色自若征羌作食身享大案殽膳重沓以小盤飯與騭旌惟菜茹而已旌不能食騭極飯致飽乃辭出旌怒騭曰何能忍此騭曰吾等貧賤是以主人以貧賤遇之固其宜也

當何所耻三國志　范雲少與領軍長史王畯善雲起宅新成移家始畢畯亡於官舍死無所歸以東廂給之移屍自門入躬自營唅掐復如禮時人以為難南史　孔戡於為義若嗜欲不顧前後於利與祿則退避畏怯如懦夫然韓文　王楊盧駱謂之四傑裴行儉曰士之致遠先器識而後文藝勃等雖有文才而浮躁淺露豈享爵祿之器耶楊子沈靜應得令終為幸其後勃溺南海照鄰投頼水賓王被誅烱終盈川令皆如行儉之言唐書下同

閻立本善畫秦府十八學士圖及貞觀中淩烟閣功臣圖立本之跡也時人稱妙太宗與侍臣學士汎舟於春苑池中有異鳥隨波容與太宗擊賞詔坐者賦詩召立本令寫焉閣外傳呼云畫師閻立本時立本已為主爵郎中奔走流汗俯伏池側手揮丹粉瞻望坐賓不勝愧赧退戒其子曰吾少學讀書今惟以丹青見知躬廝役之務辱莫甚焉汝宜深戒勿習此末伎　王仲舒韋成呂洞輩為郎官朋黨輝赫日會聚歌酒慕李藩名節强

訪致同會藩不得已一至仲舒輩好為詭言俳戲後名藩堅不去曰吾與仲舒輩終日不曉所與言何也後果敗　徐仲車為楚州教授嘗言事各有所主不得相侵積借書必白經諭有急故留門必白直學不敢自專也

呂氏雜録

仲車嘗言人之同官不可不和和則事無乖逆而下不能為姦必欲和莫若分過而不掠美　青州人隱蕃逃奔入吳朱據郝普數稱蕃有王佐之才賓客盈堂潘濬子翥亦與蕃周旋饋餉之濬聞大怒疏責翥曰

吾受國厚恩志報以命爾輩在都當念恭順親賢慕善何故與降虜交以糧餉之在遠聞此心震面熱惆悵累旬疏到急就往使受杖一百促責所餉當時人咸怪之頃之蕃謀作亂於吳事覺亡走捕得伏誅吳王切責郝普惶懼自殺朱據禁止歷時乃解三國志裴松之注中語按此條

梁蕭統葬其母丁貴嬪遣人求墓地之吉者或賂宦官俞三副求賣地云若得錢三百萬與之三副密上言太子所得地不如今地於上為吉上年老多忌即命市之

葬畢有道士云此地不利長子若厭之或可申延乃為蠟鵝及諸物埋於墓側長子位宮監鮑邈之魏雅初有寵於太子邈之晚見疎於雅乃密啟上云雅為太子厭禱上遣檢掘果得鵝物大驚將窮其事徐勉固諫而止但誅道士由是太子終身慚憤不能自明及卒上徵其長子華容公歡至建康欲立以為嗣銜其前事猶豫久之卒不立庚寅遣還鎮司馬光曰君子之於正道不可少頃離也不可跬步失也以昭明太子之仁孝武帝之

慈愛一染嫌疑之迹身以憂死罪及後昆求吉得凶不可湔滌可不戒哉是以詭誕之事奇雅之術君子遠之

通鑑

梁賀琛奏天下守令所以貪殘良由風俗侈靡使之然也今之燕喜相競誇豪積果如丘陵列肴同綺繡露臺之產不周一讌之資而賓主之間財取滿腹未及下堂已同臭腐為吏牧民者致資巨億罷歸之日不支數年率皆盡於燕飲之物歌謠之具所費事等邱山為歡止在俄頃乃更追恨向所取之少如虎傅翼增其搏

嗟一何悖哉夫失節之嗟亦民所自恚正恥不能及羣輩故勉強而為之南史　雍州刺史武昌王渾與左右作檄文自號楚王改元永光備置百官以為戲笑長史王翼之封呈其手迹八月庚申廢渾為庶人徙治安郡上遣員外騎侍郎東海戴明寶詰責渾因逼令自殺時年十七南史　有貸玉帶者王文正弟以呈文正文正曰如何弟曰甚佳公命繫之曰還見佳否弟曰繫之安得自見文正曰自負重而使觀者稱好無乃勞乎我腰間不

稱此物亟還之故平生所腰止於賜帶（王文正遺事下同）王文正公每見家人服飾似異即瞑目曰吾門素風一至於此亟令減損故家人有一衣稍華必於車內易之不敢令公見焉　呂文穆不喜記人過初參知政事入朝堂有朝士於簾內指之曰是小子亦參政邪文穆佯為不聞而過之其同列怒令詰其官位姓名文穆遽止之罷朝同列猶不能平悔不窮問文穆曰若一知其姓名則終身不能忘固不如毋知也且不問之何損　王吉

為昌邑王中尉而王好遊獵馳驅國中動作無節吉上疏諫曰大王不好書術而樂逸遊憑軾撙銜馳騁不止口倦乎叱咤手苦於箠轡身勞乎車輿朝則冒霧露晝則被塵埃夏則為大暑之所暴炙冬則為風寒之所匽薄數以耎脆之玉體犯勤勞之煩毒非所以全壽命之宗也又非所以進仁義之隆也夫廣廈之下細旃之上明師居前勸誦在後上論唐虞之際下及殷周之盛考仁聖之風習治國之道訢訢然發憤忘食日新厥德其

樂豈徒銜橛之間哉漢書 魏左將軍李栗性簡慢嘗對道武舒放不肅咳唾任情道武積其宿過遂誅之 鄭餘慶不事華潔後進趨其門者多垢衣敗服以望其知而武儒衡謁見未嘗輒易所好但與之正言直論餘慶因亦重之 李翛尹京兆莊憲太后崩爲山陵橋道使情能惜費每事減損靈駕至灞橋頓從官多不得食及至渭橋北門壞先是橋道司請改造渭城北門計錢三萬翛以勞費不從令深鑿軌道以通靈駕掘土既深旁柱皆

懸因而殞壞所不及輼輬者數步 韋昭博弈論云今世之人多不務經術好玩博弈廢時棄業忘寢與食窮日盡明繼以脂燭當其臨局交事雌雄未決專精鋭意神迷體倦人事曠而不修賓旅闕而不接雖有太牢之饌韶夏之舞不暇存也至或賭及衣物徙棊易行廉恥之意弛而忿戾之色發然其所志不出一枰之上所務不過方罫之間而空妨日廢業終無補益 顧凱之嘗執命有定分非智力所移唯應恭已守道信天任運而

闇者不達妄意僥倖徒虧雅道無闕得喪乃以其意命弟子愿作定命論

温公曰凡觀書當先識其文辨其音然後可以求其義人須是於一切世味淡薄方好不要有富貴相周恭叔才高識明初年亦甚好後只緣累太重若把得定儘長進在昔聞明道先生一見呂微仲便曰宰相微仲須做只是這漢俗謝上蔡云為他有貴底相態便是俗處

楊訓黎明侍坐胡文定先生目黎曰為士人當只知窮經問學不須及他事如賢前所言

誰又罵詈自家誰又道甚言語如此是自家身心都不理只了得與人閒爭也孟子曰自反而仁矣自反而有禮矣此物奚宜至哉萬一自家都是亦只得如此待人況罵詈長官親聞乃坐若聽人傳言是來讒賊之口有何窮已　陶淵明為彭澤令不以家累自隨送力給其子書曰汝旦夕之費自給為難今遣此力助汝薪水之勞此亦人子也可善遇之　韓魏公曰以之遇可以成功以之不遇可以免禍者其唯晦叔乎又曰人情微處

須深體之若直用己以處所失多矣又曰君子操履須當精微放過一事便為小人所窺也　韓魏公因論君子小人之際皆當以誠待之但知其為小人則淺與之接耳凡人至於小人欺己處不覺則必露其明以破之公獨不然明足以照小人之欺然每受之未曾形言色也　有人問祁寬尹和靜先生尋常說今日政事向背當如何寬曰不曾說渠曰賢曾問否寬曰不曾問曰何故不問寬曰先生教人思不出其位不在其位不謀其政

安敢問也渠云孔孟何故説寛曰孔孟亦不曾説渠引孔孟之言寛曰此聖人在其位為司寇齊卿時説底至於答一時君臣問政皆時君大臣問政不得不告也觀孔子説底危行言孫及不謀其政氣象方其閒處必不説也曰如此則先生之學焉用寛曰然每教人必以君臣父子夫婦朋友之道必欲君君臣臣父父子子又論為國為天下必進賢退不肖信賞必罰極其本必以仁義孝弟則其論政亦大矣奚必指時事而言書云孝乎

惟孝友于兄弟是也一日舉似先生先生曰甚善甚善祁居之

田腴承伯云作官從人奏辟非但賓主便有君臣之義不宜輕也陳長方步里客談下同

龜山楊先生見子作許少伊哀詞云文字間甚能形容少伊但全篇大體似平交前輩於前後輩之際甚嚴又云有美一人兮豐下而多髯此語固可見其儀形然黃魯直詩須得儋州禿鬢翁此遠乎不敬不可學也

郭逵爲西帥王韶初以措置西事至邊遠知其必生邊患用備邊財賦事連間

戒子通録　十六

牘移牒取商韶讀之怒形顔色擲牒於地者久之乃徐取納懷中入而復出對使者碎之逵奏其事上以問韶韶以元牒繳進無一損壞上不悟韶計不直逵言自後逵論韶並不報而韶遂得志矣予舊見前輩語及此事無不切齒而新進小生往往以此談不容口近有一士人自言久遊太學論及韶行事亦以此為智數過人而不以罔上陷老成罪韶往往苟合干進者持此自售亦不足恠不謂經此大變猶守舊聞如此等輩直是不識

觸淨其可責哉　韓魏公重修五代祖塋域記夫謹家譜而心不忘于先塋者孝之大也惟墳墓祭祀有託故以子孫不絕為重琦自志於學每見祖先所有文字與家世銘志則知寶而藏之有遺逸者常精思搒掇未始少懈時編歲緝寖以大備其所志先域之所在雖距今百餘年必思博訪而得之卒能不墜先業推及先塋之八世得以歲時奉祀稍慰庸嗣之志向若家牒之不謹祖先文字不傳雖有孝於祖先之心欲究其宅兆而嚴

事之其可得乎　鄧州花蠟燭名著天下雖京兆不能造相傳云是寇萊公燭法萊公知鄧州而自少年富貴不點油燈尤好夜宴劇飲寢室亦燃燭達旦每罷官去後人至官舍見廁溷間燭淚在地往往成堆杜祁公為人清儉在官未嘗然官燭油燈一炷熒然欲滅與客相對清談而已二公皆為名臣而奢儉不同如此然祁公壽考終吉萊公晚有南遷之禍遂歿不反雖其不幸亦可以為戒也歐陽公歸田録

杜祁公食于家惟一麪一飯而

已甚美其儉公曰衍本一措大耳名位爵禄冠冕服用皆國家俸入之餘以給親族之貧者常恐浮食焉敢以自奉也一旦名位爵禄國家奪之却為一措大又將何以自奉養耶　文正范公子純仁娶婦將歸傳聞以羅為帷幔者公聞之不悦曰羅綺豈帷幔之物耶吾家素清儉安得亂吾家法持至吾家當火于庭　問人能充無受爾汝之實無所往而不為義爾汝者是相爾汝之小恩愛否曰須是壁立萬仞一介不以取諸人方能如

此孟子自有此氣象故說出此等話如我以吾仁我以吾義我所不為皆古之制一閒可使寡人得見之語便更不見大凡事不可放過才放過便受爾汝 胡文定問楊訓相知訓言楊宋臣愷悌君子既而宋臣受總司差權湘潭令大熱中之官遇疾而終訓請先生言於總司保任為歿於王事先生曰宋臣固可傷然凡事不必如此計較君子愛人以德使宋臣也決不喜為此等賢能教養其孤足矣 齊文宣帝怒臨漳令嵇曄舍人李

文師以賜臣下為奴中書侍郎鄭顒私誘祠部尚書王昕曰自古無朝士為奴者昕曰箕子為之奴顒以白帝曰王元景比陛下於紂帝銜之帝與朝臣酣飲昕稱疾不至帝遣騎執之昕方揺膝吟咏遂斬於殿前　蘇丞相子容知亳州有豪民婦被罪當杖以病未科每旬檢校未愈鄧元孚為譙縣簿謂其子曰尊公高明平昔以政事稱今豈可為一豪婦人所紿公為賢子不可不白但喻醫者如法檢校彼自不誣矣其子白之公曰萬事

付公議何容心焉若言語輕重則人有觀望或有可悔既而此婦死元孚大慚服曰吾輩狹小豈可測公之用心也蘇氏談訓

畢義雲作書與高元海入宮不覺遺之給事李貞得而奏之帝由是疎元海和士開復譖元海帝以馬鞭箠元海六十出為兖州刺史　峭直深刻之人明習法令所以檢護其身可使無過此其所長然卒用其所長以把持窺刺為心一二聽之褊迫不容茍善其刻而用其深則必置人主於有過之地士有負俗之累

而其心坦明出於愷悌不肯欺負人主以賊其民與彼深刻之人相去萬里豈可以有瑕之玉而置於碔砆之下乎取人於上者將何擇哉　仁宗朝李都尉喜延士夫盡聲色之樂一時館閣清流無不往者韓魏公於其間最年少獨未嘗造焉李數名數以公事辭人有強之者公曰固欲往但未有名耳公處之不失和李莫能致怨同時諸公亦不以為介也別錄下同　韓魏公在政府時極有難處置事嘗言天下事不盡如意須常隱忍不然

不可一日處矣公言往時同列二三公不相下語常至相擊待其氣定每為平之以理歸於是而已雖好勝者亦自然不爭　韓公知歐陽永叔不以繫辭為孔子書又多不以文中子為可取中書相會累年未嘗與之言及也　韓公在北門一屬官有小才公多委以事人謂公真許之他日或問之公曰某人但任術所為大不敦篤大中其獘　韓公為陜西招討時尹師魯與夏英公不相與師魯於公處即論英公事英公於公處亦論師

魯公皆納之不形於言遂無事不然不靜矣　韓公云臨時若慮得是劄定脚更不移成敗則任如此方可成務　韓公言王文正弟傲不可訓一日逼冬至祀家廟列百壺於堂前弟皆擊破之家人惶駭文正忽自外入見酒流滿路不可行俱無一言但攝衣步入堂其後弟忽感悟而復為善終亦不言　今之儒者移學文藝干仕進之心以收其放心而美其身則又何古人之不可及也父兄以文藝令其子弟朋友以仕進相招往而不

返則心始荒而不治萬事之成咸不逮古先矣胡仁仲知言

今喜以直為言是非可否不得所安自墮於小人之

偷而愧夫君子之篤敬　朱全忠嘗與僚佐及游客坐

於大柳之下全忠獨言曰此木宜為車轂衆莫有應有

游客數人起應曰宜為車轂全忠勃然厲聲曰書生輩

好順口玩人皆此類也車轂須用夾榆柳木豈可為之

顧左右曰更何待左右數十人捽言宜為車轂者悉撲

殺之　桓譚謂秦延君說堯典篇目兩字之說至千餘

言但說若稽古三萬言班固歎後世經傳既已乖離博學者又不思多聞闕疑之義而務碎義逃難便辭巧說破壞形體說五字之文至於二三萬言是令滋蔓傷本之弊古人已深斥之矣又可隨而踵之蹈覆車之轍邪彼方自詫曰前之文士才慳不能宏闡有愧今日之富亦難與言矣　卜子夏首作喪服傳記者曰傳者傳也傳其師說云爾唐陸淳於春秋每一義必稱淳聞於師曰詩則有魯故有韓故有齊后氏故齊孫氏故毛詩故

訓傳書有大小夏侯解故前人惟故之尚如此 敬宗時裴度自興元入朝朝士持兩端者日擁度門一日度留飲酒劉栖楚矯求度之歡曲躬附裴耳而語崔咸疾其諂舉觴罰度曰丞相不當許所由官囁嚅耳語度笑而飲之栖楚不自安趨出坐客皆快之 呂正獻書古人詩好衣不近節士體粱肉似怕腹中書兩句書於子舍之屏風 家塾記

滎陽公居東萊揚州曹官廨舍所居無几案以竹繫架上置書冊器皿之屬悉不能具處之

甚安其簡儉如此呂氏錄　劉器之待制云安世初登科
與二同年謁張官參政三人同起身請教張曰觀自守
官以來常持四字曰勤謹和緩中間一後生應聲曰勤
謹和既聞命緩之一字如何張曰甚事不因忙後錯了

嚴彭祖遷太子太傅廉直不事權貴或說曰天事不
勝人事君不以修小禮曲意事貴人左右之助經誼雖
高不至宰相願少自勉強彭祖曰凡通經術固當修行
先王之道何可委曲從俗苟求富貴乎竟以太傅終漢書

梁世士大夫皆尚褒衣博帶大冠高履出則車輿入則扶持郊郭之內無乘馬者周宏正為宣城王所愛給一果下馬常服御之舉朝以為曠達乃至尚書郎乘馬則糾之侯景之亂膚脆骨柔不堪行步體羸氣弱不耐寒暑坐死倉卒者往往而然

惠穆公赴人飲食之約未嘗後到曰使主人望望然而容不至吾不忍也家塾記

大抵後生為學須是嚴立課程不可一日放慢每日須讀一般經書一般子書不須多只要令精熟須靜室

危坐讀取二三百遍字字句句須要分明又每日須連前三五授通讀五七遍須令成誦不可一字放過也史書須每日讀取一卷或半卷以上始見功須是從人授讀疑難處便質問須是孜孜就人不可自家先自放慢也然此是學之業又須理會所以為學者何事一行一住一語一默須要盡合道理求古聖賢用心竭力從之亦無不至矣夫指引者師之功也行有不至從旁規戒者朋友之任也決意而往則須用己力難仰他人矣舍人

書　見與董生論周易九六義取老而變以為畢中和承一行僧得此說異孔穎達疏而以為新奇彼畢子董子何膚末於學而遽云云也都不知一行僧承韓氏孔氏而果以為新奇不亦可笑矣哉何畢子董子之不視其書而妄以口承之也柳文

張率作賦頌二千餘首有虞訥者見而詆之率乃一旦焚毀更為詩示焉託云沈約訥更句句嗟稱無字不善率曰此吾作也訥慚而退

甄琛舉秀才入都積歲頗以弈棊廢日至乃通夜不

止手下蒼頭常令執燭或時睡頓大加其杖如此非一奴不勝楚痛乃曰郎君辭父母仕宦若為讀書執燭不敢辭罪乃以圍棊日夜不息豈是向善之意而賜杖罰不亦非理琛悵然慚感遂從許赤彪書研習　李公擇尚書家人嘗置聲伎孫中丞莘老不以為然滎公曰此莫是小節不孫中丞曰此一節不小

戒子通録卷八

宋 劉清之 撰

母訓 戒子言

鄒孟軻母列女傳

孟子之少也既學而歸孟母方織問學所至孟子自若孟母以刀斷其織孟子懼而問其故母曰子之廢學若吾斷斯織也夫君子學以立名問則廣知今而廢之是不免於厮役而無以離於禍患也孟子懼旦夕勤學不息祖師子思遂成天下之名儒　又曰孟子之少也嬉

遊為墓間之事孟母曰此非所以居處子也乃去舍市傍其嬉戲為賈人衒賣之事孟母又曰此非所以居子也復徙舍學宮之傍其嬉遊乃設俎豆揖遜進退孟母曰真可以居子矣遂居孟子長學六藝卒成大儒

敬姜

魯公父穆伯之妻文伯歜之母文伯退朝朝其母其母方績文伯曰以歜之家而主猶績其以歜為不能事主乎其母歎曰魯其亡乎使僮子備官而未之聞耶居吾語汝又文伯出學而還歸敬姜側目而盼其友上堂從後降階而却行奉劍而正履若事父兄文伯自以為成人矣敬姜召而數之

凡二事

昔聖王之處民也擇瘠土而處之勞其民而用之故長
王天下夫民勞則思思則善心生逸則淫淫則忘善忘
善則惡心生沃土之民不材淫也瘠土之民莫不向義
勞也是故天子大采朝日與三公九卿祖識地德日中
考政與百官之政事師尹惟旅牧相宣序民事少采夕
月與太史司載糾虔天刑日入監九御使潔奉禘郊之
粢盛而後即安諸侯朝修天子之業命晝考其國職夕
省其典刑夜儆百工使無慆淫而後即安卿大夫朝考

其職晝講其庶政夕序其業夜庀其家事而後即安士朝而受業晝而講貫夕而習復夜而計過無憾而後即安自庶人以下明而動晦而休無日以怠王后親織玄紞公侯之夫人加之以紘綖卿之内子為大帶命婦成祭服列士之妻加之以朝服自庶士以下皆衣其夫社而賦事烝而獻功男女效績愆則有辟古之制也君子勞心小人勞力先王之訓也自上以下誰敢淫心舍力今我寡也爾又在下位朝夕處事猶恐忘先人之業况有

怠惰其何以避辟吾冀而朝夕修我曰必無廢先人爾今曰胡不自安以是承君之官余懼穆伯之絶嗣也

又曰昔者武王罷朝而結絲絲絶左右顧無可使結之者俯而自申之故能成王道桓公坐友三人諫臣五人日舉過者三十人故能成霸業周公一日而三吐哺一沐而三握髮所執贄而見於窮閭隘巷者七十餘人故能存周室彼二聖一賢者皆霸王之君也而下人如此其所與遊者皆過已者也是以日益而不自知也今以

子年之少而位之卑所與遊者皆為服役子之不益亦以明矣

楚子發母楚將子發之母子發攻秦軍絶糧使人請於王因歸問其母問使者曰士卒無恙乎曰升分菽粒而食之又問將軍無恙乎曰朝夕芻豢黍粱子發大破秦將而歸其母閉門而不內使人數之曰

子不聞越王句踐之伐吳與客有獻醇酒一器者王使人注江之上流使士卒飲其下流味不及加美而士卒戰自五也異日有獻一囊糗糒者王又以賜軍軍士分

而食之甘不足踰嗌而戰自十也今子為將士卒升分菽粒而食之子獨朝夕芻豢黍粱何也詩不云乎好樂無荒良士休休言不失和也夫使人入於死地而自康樂於其上雖有以得勝非其術也子非吾子也無入吾門

師春姜魯人嫁其女三往而三逐以輕侮其室人也春姜召其女而笞之留之三年女奉守節義終知婦道

夫婦人以順從為務貞慤為首今爾驕溢不遜以見逐

曾不悔前過吾告汝數年而不吾用爾非君子也

孟仁母（仁吳司空自結網捕魚作鮓寄母母還之仁大慙）

汝為魚官以鮓寄母非避嫌也

嚴嫗（號萬石嚴嫗子延年為漢河南太守冬月行屬縣刑戮囚徒流血數里母見責之云云歲餘果敗）

汝宣化千里不聞仁愛而殺人立威名豈為人父母哉

天道神明人不可獨殺我不意老見壯子被刑戮也行矣去東歸掃墓地耳

陶侃母新淦人湛氏陶丹聘以為妾生侃為尋陽縣吏嘗監魚梁以一坩鮓遺母湛氏封鮓及書責侃曰

爾為吏以官物遺我非惟不能益吾乃以增吾憂矣

許善心母善心隋人母范氏善心至孔魚家魚令予紹新與之譚晏夜久方歸徽有酒容范氏泣謂云云善心再拜受教遂閉齋讀書四年之中竊涉萬卷

汝是寡婦之子為俗所輕自非高才異行不可以求仕進孔紹新是當朝雋子易獲聲譽彼宜逸樂汝須勤苦何地殊而相效乎

崔氏　隋大卿鄭善果母善果父誠討賊戰死善果為郡或行事不允或妄嗔怒母泣不食善果伏於牀前不敢起母謂之曰　按善果滎澤人仕隋為魯郡太守歸唐為檢校大理卿此云隋大卿似誤

吾非怒汝乃愧汝家耳吾為汝家婦獲奉洒掃知汝先君忠勤之士也守官清恪未嘗問私以身狥國繼之以死吾亦望汝副其此心汝既年小而孤吾寡婦耳有慈無威使汝不知禮訓何可負荷忠臣之業乎汝自童子襲茅土汝今位至方岳豈汝身致之邪不思此事而妄

加嗔怒心緣驕樂惰於公政內則墜爾家風或失亡官爵外則虧天下法以取罪戾吾死日何面目見汝先君於地下乎

李景讓母 景讓唐浙西觀察使有左都押衙忤意杖之而斃軍士憤且變母出坐廳事立景讓於庭下而責之將撻之將佐拜泣乃釋之

天子付汝以方面國家刑法豈得以為汝喜怒之資妄殺無罪之人乎

責子言 田稷子母 齊田稷子相齊受下吏之貨金百鎰以遺其母母曰安所

得此曰受之於其下其母云云稷子慙而出反其金自歸罪宣王悅母之義捨之復其位

吾聞士修身潔行不為苟得竭誠盡實不行詐僞非義之事不計於心非禮之利不入于家言行若一情貌相副故交友親而相結固夫以匹士相與猶然況於受祿之臣乎今君設官以待子厚祿以奉子言行備則可以報君夫為人臣而事其君猶為人子而事其父也盡力竭能忠信不欺務在效忠必死奉命廉潔公正故志遂而無患今子反是遠忠矣夫為人臣不忠是為人子不

孝也不義之財非吾有也不孝之子非吾子也子起矣

問子言 儁不疑母 不疑漢京兆尹每行縣錄囚徒還母輒問即不疑多有所出母喜笑飲食

有所平反活幾何人

答子言 習氏 吴感遠將軍李衡妻衡欲治生妻輒諫止之臨終告兒曰汝母惡吾治生故貧如此吾武陵龍陽洲有千頭木奴不仰衣食之給歲止匹絹亦足為汝曹計也兒具白母母曰

汝家失十戶客來七八年吾嘗疑之果汝父密遣種甘

橘也汝父常稱太史公言江陵千株橘樹當封君家吾曰人患無德義不患不富若貴而能貧方好耳彼豈所以貽子孫哉汝勿恃之

張鎰母　鎰蘇州人唐乾元殿中侍御史原令盧擬以公事呵責內侍內侍誣擬罪死鎰白母曰上疏理擬必免死而鎰貶官以為太夫人憂不言鎰負於當官敢問所安母曰云云遂奏之擬配流鎰貶撫州司戶　案鎰字季權一字公度河南人新唐書原令作華原令盧擬作盧樅

爾無累於道吾所安也

王義方母　漣水人唐侍御史欲彈李義府先白其母母曰

昔王陵之母殺身以成子之名汝能盡心以事君吾死不恨

戒子言　董昌齡母　昌齡事吳少誠元濟爲郾城令母曰云云昌齡乃以城降憲宗嘉賜緋魚昌齡謝曰此皆老母之訓蔡平楊氏幸無恙封北平郡太君

逆順之理成敗可知賊黨欺天天所不福汝當速降無以老母爲念汝爲忠臣吾無恨矣

孫氏　富春人孫權族孫女也適虞忠生潭爲晉吳興守假節征蘇峻孫氏勉潭以必死之義貿其所服環佩以爲軍資戒子曰

吾聞忠臣出孝子之門汝當捨生取義勿以吾老為累也

崔元暐母 唐益州都督博陵崔元暐之母盧氏戒元暐而元暐遵奉以清謹稱

吾見姨兄屯田郎中辛元馭云兒子從官者有人來云貧乏不能存此是好消息若聞貲貨充足衣馬輕肥此惡消息吾常重此言以為確論比見親表中仕宦者多將錢物上其父母父母但知喜悅竟不問此物從何而來必是祿俸餘資誠亦善事如其非理所得此與賊盜

何別縱無大咎獨不內媿孟母不受魚鮓之饋蓋為此也汝今坐食祿俸榮幸已多若其不能忠清何以戴天履地孔子云雖日殺三牲之養猶為不孝又曰父母惟其疾之憂特宜修身潔已勿累吾此意也

陳夫人 陳氏新淦人淳化中判三司磨勘贈太保新喻劉公諱式之夫人下蔡令立本職方郎中立言主客郎中贈太傅立志秘書監贈少師立德兵部員外郎集賢校理贈金紫立禮之母也

太保公沒夫人戒五子曰

先夫秉清潔之行惟有書數千卷命之曰墨莊今貽汝

輩為學殖之具能遵是誨則吾子也

何氏 名臣傳陳堯咨母

堯咨精於弧矢自號小由基出守荆南回母何氏問曰古人居一郡一道必有異政汝有何效堯咨曰稍精於射何氏曰汝父訓汝以忠孝俾輔國家今不務仁政善化而專卒伍一夫之伎豈汝先人之意邪以杖擊之金魚墜地

戒女書 李氏 余先妣長垣趙夫人諱琳字彦章手書且跋云李氏戒女書親授之

於父兄雖愚鄙不能如其教然朝夕覽之未嘗去手建炎己酉渡江遂亡其本不復盡記惜哉李氏者今不知其名

夫者天也天固不可逃夫固不可離也行違神明天則罰之禮義有愆夫則薄之故易著牝馬之象詩有關雎之興夫孝敬貞順專一無邪者婦人之紀綱閨房之大節也昔冀缺妻饁田相敬如賓梁鴻婦進食舉案齊眉書之方册賢者以為有禮凡人謂之怕夫何其謬也

貧者安其貧富則戒其富貧不自安者耻貧而廣求求

既不得怨由兹生室家相輕恩易情薄富而不戒則夸勝之心生凌慢之容既彰和柔之色安在棄和柔之色作嬌小之容是為輕薄之婦人 藏心為情出口為語言語者榮辱之樞機親疏之大節也亦能離堅合異結怨興讎大者則覆國亡家小者猶六親離間是以賢女謹口恐招恥謗或在尊前或居閒處未嘗觸應答之語發諂諛之言不出無稽之詞不為調謔之事不涉穢濁不處嫌疑

告子言　叔向母晉叔向之母妬叔虎之母美而不使其子皆諫其母母曰云云使往視寢生叔虎美而有勇欒盈嬖之故羊舌氏之族及於難

深山大澤實生龍蛇彼美余懼其生龍蛇以禍汝汝弊族也余何愛焉

臣等謹案劉清之此段所引左傳汝弊族也之下刪去國多大寵不仁人間之不亦難乎三句其所註又不明晰前後文義幾至不可曉仰蒙

御製書事文辨正其誣所以存人心世道之公為萬世

褒貶之法恭録

御製文冠于卷端並識於此

謂子言　李絡秀晉安東將軍周浚妾生顗嵩謨顗等既長絡秀謂顗等從命由

此李氏遂得為方雅之族

我屈節為汝家作妾門戸計耳汝等不與我家為親者

吾亦何惜餘年

宋氏晉韋逞母宋氏逞為苻堅太常號母宣文君就家立講堂置生員百二十人隔絳紗幔而受業周官學復行於世初宋父謂女曰　按此與下庾衮二條俱宜移在下劉氏之後

吾家世學周官傳業相繼此又周公所制經紀典誥百官品物備於此矣吾今無男可傳汝可受之勿令絕世

王孫賈母 齊大夫王孫賈之母也賈事閔王王出見弒國人不討賊母謂賈曰云云賈乃入市中令百姓曰淖齒亂齊國弒閔王欲與我誅之者袒右從者四百人與之殺淖齒

汝朝出而晚來則吾倚門而望汝汝暮出而不還則吾倚閭而望汝今汝事王王出走汝不知其處汝尚歸乎

別子言

范滂母 滂字孟博漢汝南功曹滂坐黨人被收其母就與訣母曰云云滂跪受教再拜而辭

汝今得與李杜齊名死亦何恨既有令名復求壽考可兼得乎

戒兄女言　庾衮 字叔褒晉后族孤兄女芳將嫁衮刈荆莒為箕帚集諸子於堂男女以班命芳曰

芳乎汝少孤汝逸汝豫不汝疵瑕今汝適人將事舅姑灑掃庭内婦之道也故賜汝此匪器之為美欲溫恭朝夕雖休勿休也

勉子言　劉氏 何無忌母牢之姊也牢之為桓元所害劉氏常思報復及無忌與劉裕定謀劉氏喜勸勉無忌

桓元必敗義師必成汝能如此吾讎恥雪矣

女戒　荀爽 字慈明漢司空藝文類聚言魏荀爽

詩云泉源在左淇水在右女子有行遠父母兄弟明當

許嫁配適君子竭節從理昏定晨省夜卧早起和顏悅色事如依恃正身潔行稱為順婦以崇螽斯百葉之祉婚姻九族云胡不喜聖人制禮以隔陰陽七歲之男王母不抱七歲之女王父不持親非父母不與同車親非兄弟不與同筵非禮不動非義不行是故宋伯姬遭火不下堂知必為災傅母不來遂成於灰春秋書之以為高也

女訓　蔡邕（字伯喈陳留人漢末左中郎將女訓戒子凡三章）

心猶首面也是以甚致飾焉面一旦不修飾則塵垢穢

之心一朝不思善則邪惡入之咸知飾其面不修其心夫面之不飾愚者謂之醜心之不修賢者謂之惡愚者謂之醜猶可賢者謂之惡將何容焉故覽照拭面則思其心之潔也傅脂則思其心之和也加粉則思其心之鮮也澤髮則思其心之順也用櫛則思其心之理也立髻則思其心之正也攝鬢則思其心之整也

又舅姑若命之鼓琴必正坐操琴而奏曲若問曲名則捨琴興答曰某曲坐若近則琴聲必聞若遠左右必有

贊其言者凡鼓小曲五終而止大曲三終而止無數變曲無多小曲尊者之聽未厭不敢早止若顧望視他則曲終而後止亦無中曲而息也琴必常調尊者之前不更調張私室若近舅姑則不敢鼓若獨絶遠聲音不聞鼓之可也鼓琴之夜有姊妹之宴則可也

又貴賤無常唯人所速苟善則庸夫之子可至於三公苟不善則王公之子反為庶人是知皇天無親惟德是輔信矣哉

班昭字惠明扶風班彪女同郡曹叔妻也作女戒七章以戒諸女

古者生女三日卧之牀下弄之瓦磚而齋告焉卧之牀下明其卑弱主下人也弄之瓦磚明其習勞主執勤也齋告先君明當主繼祭祀也三者蓋女人之常道禮法之典教謙讓恭敬先人後己有善莫名有惡莫辭忍辱含垢常若畏懼是為卑弱下人也晚寢早作勿憚夙夜執務私事不辭劇易所作必成手迹整理是為執勤也正色端操以事夫主清靜自守無好戲笑絜齊酒食以供祖宗是為繼祭祀也三者苟備而患名稱之不聞黜

辱之在身未之見也三者苟失之何名稱之可聞黜辱之可遠哉　夫婦之道參配陰陽通達神明信天地之宏義人倫之大節也是以禮貴男女之際詩著關雎之義由斯言之不可不重也夫不賢則無以御婦婦不賢則無以事夫夫不御婦則威儀廢壞（按廢壞漢書作廢缺）婦不事夫則理義墮闕方斯二事其用一也察今之君子徒知妻婦之不可不御威儀之不可不整故訓其男檢以書傳殊不知夫主之不可不事禮義之不可不存也但教

男而不教女亦蔽於彼此之數乎禮八歲始教之書十五而至於學矣獨不可依此以為則哉　陰陽殊性男女異行陽以剛為德陰以柔為用男以彊為貴女以弱為美故鄙諺有云生男如狼猶恐其尫生女如鼠猶恐其虎然則修身莫若敬避彊莫若順故曰敬順之道婦人之大禮也夫敬非他持久之謂也夫順非他寛裕之謂也持久者知止足也寛裕者尚恭下也夫婦之好終身不離房室周旋遂生媟黷媟黷既生語言過矣言語

既過縱恣必作則侮夫之心生矣此由於不知止足者也夫事有曲直言有是非直者不能不爭曲者不能不訟訟爭既施則有忿怒之事矣此由於不尚恭下者也侮夫不節譴呵從之忿怒不止楚撻從之夫為夫婦者義以和親恩以好合楚撻既行何義之有譴呵既宣何恩之有恩義俱廢夫婦離矣　女有四行一曰婦德二曰婦言三曰婦容四曰婦功婦德不必才明絶異也婦言不必辯口利詞也婦容不必顏色美麗也婦功不必

工巧過人也清閑貞靜守節整齊行已有恥動靜有法是為婦德擇辭而説不道惡語時然後言不厭於人是謂婦言盥浣塵穢服飾鮮潔沐浴以時身不垢辱是謂婦容專心紡績不好戲笑絜齊酒食以奉賓客是謂婦功此四者女人之大德而不可乏者也然為之甚易唯在存心耳古人有言仁遠乎哉我欲仁斯仁至矣此之謂也

夫有再娶之義婦無二適之文故曰夫者天也天固不可逃夫固不可離也行違神祇天則罰之禮義

有愆夫則薄之故女戒曰得意一人是謂永畢失意一人是謂永訖由斯言之夫不可不求其心然所求者亦非謂佞媚苟親也固莫若專心正色禮義居潔耳無淫聽目無邪視出無冶容入無廢飾無聚會羣輩無看視門戶此則為專心正色矣若夫動靜輕脱視聽陜輸入則亂髮壞形出則窈窕作態説所不當道觀所不當視此謂不能專心正色矣　夫得意一人是謂永畢失意一人是謂永訖欲人定志專心之言也舅姑之心豈當

可失哉物有以恩自離者亦有以義自破者也夫雖云愛舅姑云非此所謂以義自破者也然則舅姑之心奈何固莫尚於曲從矣姑云不爾而是固宜從令姑云爾而非猶宜順命勿得違戾是非爭分曲直此則所謂曲從矣故女憲曰婦如影響焉不可賞　婦人之得意於夫主由舅姑之愛己也舅姑之愛己由叔妹之譽己也由此言之我臧否譽毀一由叔妹叔妹之心復不可失也皆知叔妹之不可失而不能和之以求親其蔽也哉

自非聖人鮮能無過故顏子貴於能改仲尼嘉其不貳而況婦人者也雖以賢女之行聰哲之性其能備乎是故室人和則謗掩外內離則惡揚此必然之勢也易曰二人同心其利斷金同心之言其臭如蘭此之謂也夫嫂妹者體敵而義尊恩疏而義親若淑媛謙順之人則能依義以篤好崇恩以結援使徽美顯章而瑕過隱塞舅姑矜善而夫主嘉美聲譽曜於邑鄰休光延於父母若夫惷愚之人於嫂則託名以自高於妹則因寵以驕盈

驕盈既施何和之有恩義既乖何譽之臻是以美隱而過宣姑忿而夫愠毀訾布於中外耻辱集於厥身進增父母之羞退益君子之累斯乃榮辱之本而顯否之基也可不慎哉然則求叔妹之心固莫高於謙順矣謙則德之柄順則婦之行凡斯二者足以和矣詩云在彼無惡在此無射其斯之謂也

程曉 字季明魏黄門侍郎大著文章多失亡存者不十一 案曉東阿人

婦人四教以備為成婦德闕則仁義廢矣婦言虧則辭

令慢矣婦容惰則邪僻生矣婦功簡則織絍荒矣故禮
有公宮宗室之教詩有牖下蘋藻之奠然後家道諧允
儀則表見於內若夫麗色妖容高才美辭貌足傾城言
以亂國此乃蘭形棘心玉曜瓦質在邦必危在家必亡

李晟 字良器唐功臣嘗正歲崔氏女歸省未及階晟覩之遂不視而遣還家

爾有家況姑在堂婦當奉酒醴供饋以待賓客

戒公主 太祖皇帝 類苑魏成信言

魏國長公主嘗衣貼繡鋪翠襦入宮中太祖曰汝當以

此與我自今勿復為此飾主笑曰此所用翠羽幾何太祖曰不然主家服此宮闈戚里皆相效京城翠羽價高小民逐利傷生寖廣實汝之由汝生長富貴當念惜福豈可造此惡業之端

張橫渠載字子厚郿縣人熈寧同知太常禮院作女戒九章章四句付呂氏女盈

婦道之常順惟厥正是曰天明是其帝命嘉爾婉婉克安爾親往之爾家克施克勤爾順惟何無違夫子無然皐皐無然訿訿彼是而違爾焉作非彼舊而革爾焉作

儀

謄録監生臣張　琮